Deepen Your Mind

作者簡介

張曉明，網名「大聖」，自由職業者、獨立諮詢顧問、獨立講師，中國大陸早期的競價搜尋工程師，曾在雅虎、阿里巴巴、中國移動等大型公司擔任資料專家、技術總監等職務，並為廣告、電子商務、行動電信業者、網際網路金融等企業提供過技術支援與服務；擁有 15 年以上的資料採擷、機器學習等領域的工程經驗。

他在網易雲課堂發佈了「人工智慧的數學三部曲」和「Python 大數據全端高手速成」課程；在 51CTO 學院發佈了「推薦系統工程師」微職務課程；在龍果學院發佈了「深入大數據架構師之路，問鼎 200 萬台幣年薪」課程；在煉數成金平台發佈了「Python 突擊——從入門到精通到專案實戰」課程和「突擊 PySpark：資料採擷的力量倍增器」課程。

他愛技術，愛分享，擅長對複雜晦澀的技術進行深入淺出的説明。

他的個人網站為 www.atdasheng.com。

自序

經常有學生問這樣一個問題：「要學習這門課程，得具備什麼樣的背景？」現在把這個問題延伸一下，即哪些人能從事人工智慧？是必須要畢業於台清交高大上的學校嗎，還是必須具備光鮮亮麗的留學經歷或具備碩士、博士等頭銜呢？我不敢妄下斷言，正好借此機會跟大家聊聊我的成長經歷。

我是一名畢業於 5 年制醫學專業的大學生，學的和電腦專業沒有一點關係。在大學期間，幾乎所有的醫學專業課（甚至選修課）都是「紅燈高掛」，得益於同學的友情扶持才僥倖畢業，所以我是一個名副其實的「學渣」。大學畢業後當了 3 年醫生，雖然曾經努力説服自己去喜歡這個職業，但是始終無法從望聞問切中獲得快樂。整整 8 年的青春都浪費在毫無興趣的醫學專業上，其間苦樂種種，冷暖自知。

在被壓在「五指山」的那幾年，我的心情抑鬱至極，百無聊賴中我在醫院附近的夜大報了一個電腦補習班。由此開始，我與電腦、與 IT 結下了不解之緣，並從鍵盤的敲打中獲得了相當大的快樂與滿足。在從醫 3 年後，我毅然決然地放棄了「幸福的鐵飯碗」、「可能的北京戶籍」，還放棄了「馬上到手的公家配房」（房子在北京的精華地段西北三環），義無反顧地投身於 IT「江湖」。

所以，和現在人工智慧領域內具有碩、博士學歷的人才和國外留學人才相比，我的正規大學學歷與 IT 技術毫無連結，所受的 IT 教育也僅是來自一所名不見經傳的夜大，並且當時我只是學習過幾門基礎的電腦專業課程。至於電腦專業的相關文憑，也因為要考英文等課程而直接放棄。

進入 IT 產業之後，我從底層的程式設計師開始做起，大大小小、各行各業的軟體開發過不少，C、C++、Java、Python 等程式語言也是駕輕就熟，信手拈來。在阿里巴巴從事 Oracle 資料庫開發期間，有幸與一群最優秀的 Oracle 專家共事，並出版口碑還不錯的《大話 Oracle RAC》和《大話 Oracle Grid》圖書，翻譯了大部頭《Oracle PL/SQL 程式設計（第 5 版）》，也算是小有成績。

既然是從事資料工作，就一定會接觸商業智慧（Business Intelligence）和資料採擷（Data Mining）。而我的起點高得「變態」，直接就是從競價廣告開始。大量「高冷」的數學公式把連微分、積分都分不清楚的我「打」得找不著頭緒。彷彿冥冥之中感受到了資料的召喚，我再次毅然決然地主攻資料採擷和機器學習領域，猶如當年棄醫從 IT 那樣。需要注意的是，這一切都是發生在 2008 年──資料科學還不溫不火的年代。當時也沒有這麼多隨處可見的教學視訊和隨手可得的相關圖書，只能依靠有限的幾本經典圖書，「生啃」各種演算法。受限於學習資料的欠缺，我的資料科學學習之路相當坎坷，一個如今看來簡單至極的 KNN 演算法都需要花費很長時間去學習，至於線性回歸這種在今天來看是入門級的演算法，當時始終無法參透。這種學習狀態持續了多年，直到有一天福至心靈，醍醐灌頂，猶如武林高手打通了任督二脈，這些「高冷」的數學公式和演算法才終於不在話下。我也才得以登堂入室，一窺資料科學之奧秘。

上述這些文字不是在「賣慘」，而是想告訴各位讀者，在 IT 技術的學習中，專業、學歷、背景沒有那麼重要，連我這樣的「學渣」（我的大學同學堅持這樣認為）靠自學都可以拿下，更何況聰明如你呢？

再者，任何一個技術企業對人才的需求都是多梯度的，既需要高精尖的研究型人才，也需要實用型的工程技術人才，二者的比例基本上為「二八開」。高精尖的研究型人才固然厲害，但是需求量小，而工程技術人才更為業界亟需。

如果讀者有志於投身學術，志在成為研究型人才，那麼基本上就要拼一下本身的一系列條件了，例如學校出身、專業背景、師承何人、論文品質與數量等。如果讀者希望能在工程應用領域有一番作為，那麼相對來說還是比較容易實現的。要知道，現在都已經開始在中學階段普及人工智慧教育了，它的門檻能有多高呢？

當然，門檻不高並不是說沒有門檻，我要做的就是儘量「拉低」門檻，希望能幫助更多有志之士快速投身於人工智慧領域並大展宏圖。

這是本書的目標，也是我努力的動力。

致謝

感謝我的家人，沒有他們的支援，本書幾無問世可能。寫作本書幾乎耗盡了我所有的業餘時間，因此我陪伴家人的時間少得可憐，儘管他們從未表達過不滿，但我依然深感愧疚。

要特別感謝我的小寶貝，每當拉著他肉嘟嘟的小手時，我都會從中獲得很多鼓勵。

感謝本書的插畫師兼審稿人茗飄飄。飄飄同學儘管對 IT 知之甚少，但為了協助「大聖」老師我完成書稿，不得不花費大量時間自行充電學習。之所以邀請飄飄參與本書的插畫創作與內容審讀，一方面是希望為本書增加一些趣味與特色，另一方面則是確保本書拉低了人工智慧領域的進入門檻——如果連零基礎的 IT 門外妹都能看懂，相信對其他讀者來說就更不是問題了。

前言

✤ 本撰寫作目的

「大聖」老師所有的 IT 知識均靠自學習得，從程式設計開發到 Linux 和網路運行維護，從 Oracle 資料庫開發到資料採擷，均是如此。一路走來，「大聖」老師對 IT 技術自學者的痛點和真實需求洞若觀火。

「大聖」老師在自學人工智慧時，由於當時該學科尚屬冷門，完全沒有現在便利的學習環境和隨處可見的學習資料（無論是圖書還是視訊課程），因此自學之路相當痛苦。「大聖」老師就是在這種艱苦的環境下，學完了線性代數、高等數學、機率統計等機器學習的入門課程。眾所皆知，這些課程通篇都是數學定理與公式，仿佛它們就是為考研、考博而生，至於它們能在工程中做些什麼，這些課程從來沒有講到。這無形之中在打算入門人工智慧行業的學習人員面前建立起了一道鴻溝，不可逾越。

如今，「大聖」老師想做一個擺渡人，願意將自己在坎坷的學習之路中學到的知識和經驗融合在本書中，幫助有心的讀者跨過這條鴻溝，縮短學習路徑與時間，為入門人工智慧行業打下良好的數學基礎。故寫作本書！

✤ 本書組織結構

本書採用「提出問題、定義問題、解決問題、專家說明」的組織方式，對人工智慧領域中經常用到的一些數學知識進行了介紹。本書分為 3 篇：「線性代數」、「機率」和「最佳化」，共 21 章。每篇的內容如下。

- 線性代數（第 1 ～ 12 章），介紹向量、矩陣的概念和運算，並透過向量空間模型、多項式回歸、嶺回歸、Lasso 回歸、矩陣分解等實用場景和程式幫助讀者深刻了解其意義。

- 機率（第 13 ～ 18 章）介紹機率的基本概念，重點介紹頻率學派的最大似然估計和貝氏學派的最大後驗機率這兩種建模方法，並透過真實的案例幫助讀者了解機率建模方法並實現建模。

- 最佳化（第 19 ～ 21 章），介紹凸最佳化的理論知識，並介紹梯度下降演算法、隨機梯度下降演算法以及邏輯回歸演算法的程式實現。

本書採用「邊做邊學」的想法來幫助讀者了解所學內容，希望讀者能夠動手敲下書中的每一行程式，在形成最基本的肌肉記憶的同時，也能感受數學的價值。

本書內容非常通俗容易。「大聖」老師寫作本書的目的就是希望能將抽象枯燥的數學知識拉下「神壇」，因此在寫作時用了很多生活化的語言來解釋這些數學內容，而且還採用了一些插畫直觀展示。讀者在閱讀本書時，如果發現有些基礎知識不夠嚴謹，不夠「數學」，還請理解。

✤ 本書適合讀者群

本書適合那些對人工智慧領域有興趣，卻又被其中的數學知識「嚇倒」的讀者閱讀。本書所附的原始程式碼，可至本公司官網 https://deepmind.com.tw/ 搜尋本書書名之後下載。另本書之原作者為中國大陸人士，因此程式碼為簡體中文，讀者可對照書中內容執行。

✤ 讀者回饋

如果讀者能夠在許多人工智慧領域的圖書中選擇並購買了本書，而且覺得它對自己很有幫助，這就是對「大聖」老師最大的褒獎與肯定。如果還能在豆瓣上寫個圖書評論，或在社交媒體上寫幾句閱讀收穫與感言，則會進一步激勵「大聖」老師將教學與寫書堅持下去。

由於「大聖」老師水準有限，雖然對本書做過多次審讀與修改，但難免會有不足和疏漏之處，懇請讀者批評指正。讀者可到「大聖」老師的個人網站 www.atdasheng.com 留言並檢視本書的勘誤表。

目錄

第一篇　線性代數

01 論線性代數的重要性

02 從相似到向量

03 向量和向量運算

04 最難的事情——向量化

05 從線性方程組到矩陣

06 空間、子空間、方程組的解

07 矩陣和矩陣運算

08 解方程組和最小平方解

09 帶有正規項的最小平方解

10 矩陣分解的用途

11 降維技術哪家強

12 矩陣分解和隱因數模型

第二篇 機率

13 機率建模

14 最大似然估計

15 貝氏建模

16 單純貝氏及其擴充應用

17 進一步體會貝氏

18 取樣

第三篇 最佳化

19 梯度下降演算法

第一篇
線性代數

人工智慧的本質是發現事物之間的規律，然後對未來做出預測。

為了找出事物中的規律，科學家們「八仙過海、各顯神通」。我們非常熟悉的莫過於以聯立方程式為基礎的方法。

舉例來說，為了發現父親的身高 x 和孩了身高 y 之間的關係，我們可以大膽地假設二者之間是 $y = ax + b$ 的函數關係，每當拿到一對父子的身高 (x_1, y_1)，我們就能寫出一個方程式 $y_1 = ax_1 + b$。如果有 100 對父子的身高資料，我們就能獲得由 100 個式子組成的聯立方程式，透過解這個方程組獲得 a 和 b，我們就找到了父子身高間的秘密了。

這種建模方式並不侷限於簡單的函數關係，我們還可以用於複雜的函數關係，例如假設 x,y 之間是 $y = ax^2+b\sin x+ c\sqrt{x} +d$ 的函數關係。儘管該函數關係看似很複雜，但代入資料後還是可以建立聯立方程式。x 和 y 之間的秘密關係，就是聯立方程式的解。

線性代數的起源就是為了求解聯立方程式。只是隨著研究的深入，人們發現它還有更廣泛的用途。線性代數是人工智慧的基礎。

論線性代數的重要性

相信很多讀者都聽過向量、矩陣這些詞語，或多或少地知道這些是一種叫作「線性代數」的課程說明的內容。但這些東西到底能做什麼？能吃嗎？吃了會不會拉肚子？遺憾的是課本上從來不會告訴你。

讓我們透過一個實際的應用來看看它到底能做什麼！

1.1 小白的苦惱

小白來到一個新工作，作為職場新鮮人，小白迫切希望能快速融入群眾，但小白不善交際，不是那種和誰都能聊上的社交高手，與人相處時「尷尬癌」也時不時地會發作，於是他希望你這個職場「老油條」給他指點迷津。

小白：「尷尬癌」怎麼治？

老油條：最好的破冰方法是從同類人入手，就是要找到與你相似的人群然後融入他們，所謂「入夥」。

小白：那我該如何去判斷和別人的相似程度呢？看顏值嗎？

老油條：這麼做會有風險，而且你得先對自己有個客觀的評價，你到底是醜絕人寰還是帥到掉渣。可惜大部分人都做不到這一點，所以就無法客觀評價相似程度。

小白：呃……

老油條：不過，從每個人的喜好入手是個不錯的選擇，例如從吃喝玩樂上看看有沒有相同趣味的，只是短時間內這種場合應該不多。另一個可行的方法是你可以觀察一下同事們桌上都擺著哪些書。假設你喜歡機器學習、資料採擷、Python 開發之類的書，而小黑的桌上也擺著這種書，那基本上你們是同一種「無趣」的人。如果小美的桌上擺著廚藝、瑜珈、花藝相關的書，那基本上你要提前做點功課才能和小美有點共同語言了。

小白：茅塞頓開啊！可是實際該怎麼做呢？

老油條：現在假設一共有 6 個人，我們將每個人桌上上的圖書用表格記錄下來。另外，你可以透過觀察書上的灰塵厚度、書頁中口水印的數量來猜測主人對它的喜愛程度。假設把每個人對書的喜愛程度按 5 分制評分，評分越高代表越喜歡，空白代表某人桌上沒有這本書，於是我們就有了圖 1-1 所示的表格。這個表格習慣上叫作使用者 - 行為評分矩陣。

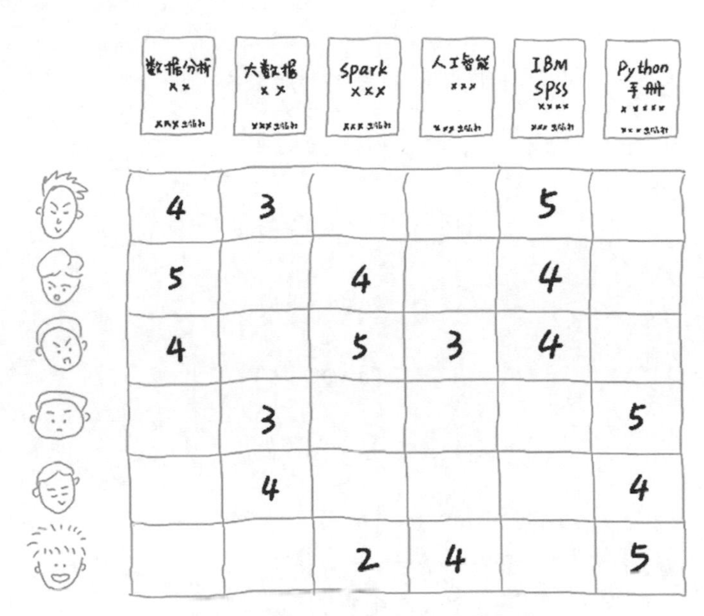

圖 1-1　使用者 - 行為評分矩陣

小白：這個矩陣能做什麼呢？

老油條：它能讓你成功逆襲，登上人生巔峰！

1.2 找朋友

這個矩陣的第一個功能就是幫你找出好朋友，當然目前找的只是在閱讀品味方面和你相似的人。

實際該怎麼做呢？只需做些非常簡單的數學計算就可以了！

首先，把每一個使用者用一個向量表示，每個向量裡有 6 個數字，分別代表該使用者對 6 本書喜愛程度的評分。0 代表使用者沒看過這本書，喜愛程度不明。於是 6 個使用者的向量表示可以整理成圖 1-2 所示的樣子。

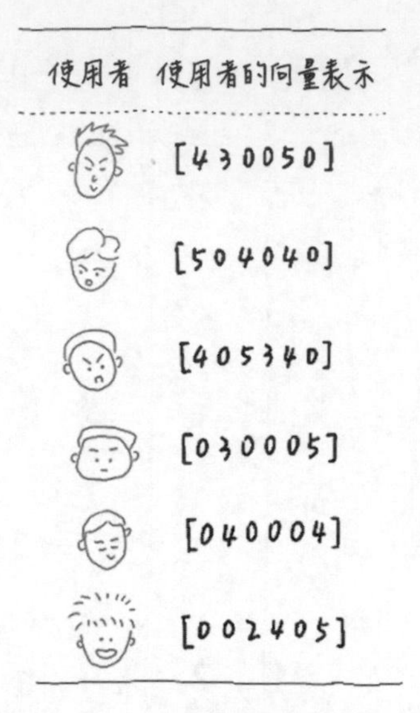

圖 1-2　使用者的向量表示

接下來，計算兩個使用者的相似性，這裡使用的指標叫作餘弦相似度，計算公式如下：

$$\cos(\theta) = \frac{\boldsymbol{a} \cdot \boldsymbol{b}}{\|\boldsymbol{a}\|\|\boldsymbol{b}\|}$$

其中，分子部分 $\boldsymbol{a} \cdot \boldsymbol{b}$ 表示兩個向量的點積，計算方法就是兩個向量對應元素先相乘再求和，例如：

$$\boldsymbol{a} = [4 \quad 3 \quad 0 \quad 0 \quad 5 \quad 0]$$

$$\boldsymbol{b} = [5 \quad 0 \quad 4 \quad 0 \quad 4 \quad 0]$$

$$\boldsymbol{a} \cdot \boldsymbol{b} = 4 \times 5 + 3 \times 0 + 0 \times 4 + 0 \times 0 + 5 \times 4 + 0 \times 0 = 40$$

分母部分的 $\|\boldsymbol{a}\|$ 代表向量 $\boldsymbol{a}$ 的模長，$\|\boldsymbol{a}\|\|\boldsymbol{b}\|$ 就是 $\boldsymbol{a}$、$\boldsymbol{b}$ 兩個向量模長的乘積。向量模長的計算方法就是把向量中每個元素平方、求和然後再開根號：

$$\|\boldsymbol{a}\| = \sqrt{4^2 + 3^2 + 0^2 + 0^2 + 5^2 + 0^2}$$

$$\|\boldsymbol{b}\| = \sqrt{5^2 + 0^2 + 4^2 + 0^2 + 4^2 + 0^2}$$

於是，第一個使用者和第二個使用者的相似度就可以進行以下計算（因為 0 不影響計算結果，所以就忽略掉了）：

$$sim(\boldsymbol{a},\boldsymbol{b}) = \frac{4\times5+5\times4}{\sqrt{4^2+3^2+5^2}\times\sqrt{5^2+4^2+4^2}} \approx 0.75$$

餘弦相似度的值在 0 和 1 之間，值越大說明越相似，值越小說明越不相似。

分別計算小白和其他 5 個同事的相似度，然後按照從大到小的順序排列，如圖 1-3 所示。可以看到，小白和前兩個同事的相似度高而和最後一個同事完全不相似。於是，小白就可以試著和前兩個同事多多交流，他們更有可能是一個圈子的。

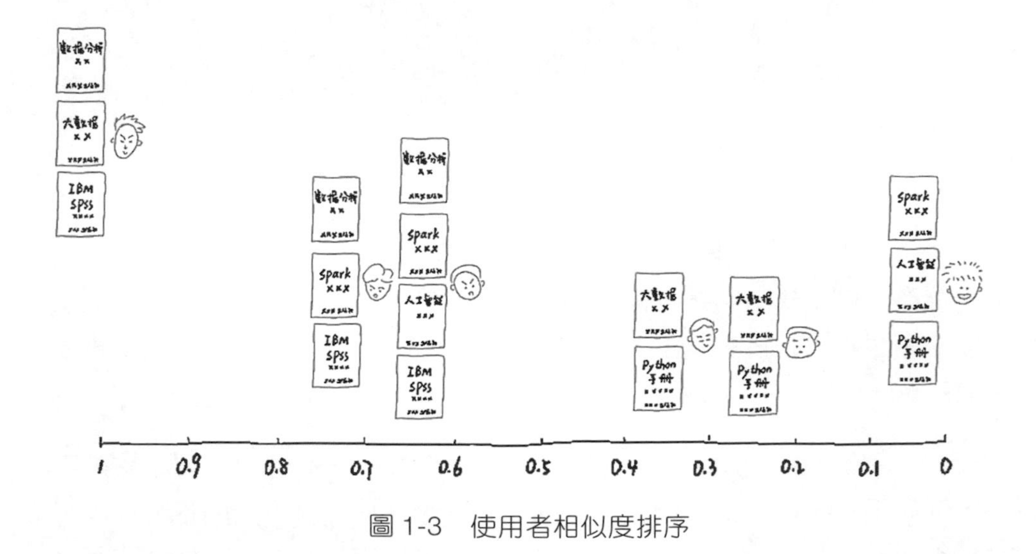

圖 1-3　使用者相似度排序

還可以進一步計算任何兩個人之間的相似度，每個人和自己的相似度為 1。獲得的結果可以用圖 1-4 所示的表格來記錄，顏色越深代表相似度越高，這個表格叫作使用者相似度矩陣。

1.00	0.75	0.63	0.22	0.30	0.00
0.75	1.00	0.91	0.00	0.00	0.16
0.63	0.91	1.00	0.00	0.00	0.40
0.22	0.00	0.00	1.00	0.97	0.64
0.30	0.00	0.00	0.97	1.00	0.53
0.00	0.16	0.40	0.64	0.53	1.00

圖 1-4　使用者相似度矩陣

1.3 找推薦

有了使用者相似度矩陣後，就可以繼續做進一步的延伸應用──推薦了。所謂推薦，就是找出同事沒有看過但是可能有興趣的圖書清單並向其推薦閱讀。如果推薦正確的話，那麼同事會對小白的好感度上升──人生難得一知己啊。

「推薦」基於這樣一個假設：興趣相似的使用者對一本書的評價應該差不多。例如張三、李四都喜歡兒童文學，張三對《皮皮魯傳》的評分很高，雖然李四沒有看過這本書，但我們可以很合理地認為李四也可能會非常喜歡這本書，這時就可以把張三讀過的、評價高的，而李四又沒有讀過的書推薦給李四。這種想法非常樸實合理，這也正是工業上廣泛使用的推薦系統的思維源泉。

這個想法還可以進一步升級，不再只根據一個相似使用者來做推薦，而是根據很多個相似使用者做推薦。就好像一個人說電影《戰狼》不錯，你可能會不以為然，但如果身邊的人都說《戰狼》好，那你就會非常好奇，非常想看看它到底好在哪裡。這種以多人為基礎的推薦顯然會更可信、更可靠，這也符合「從眾心理」。

實際操作時，可以透過計算多個相似使用者的加權分數來預測小白對一本書的可能喜愛分數。

舉例來說，和小白最相似的兩個同事的閱讀列表有編號為 1、3、4、5 共 4 本書，其中 1、5 這兩本書小白已經看過，3、4 這兩本書哪本可能更適合小白的口味呢？

可以計算這兩個同事對兩本書的加權評分並作為小白的可能評分，權重就是他們之間的相似度，實際計算方法如圖 1-5 所示。透過計算可以看出編號為 3 的書可能更適合小白的口味，可以優先閱讀。

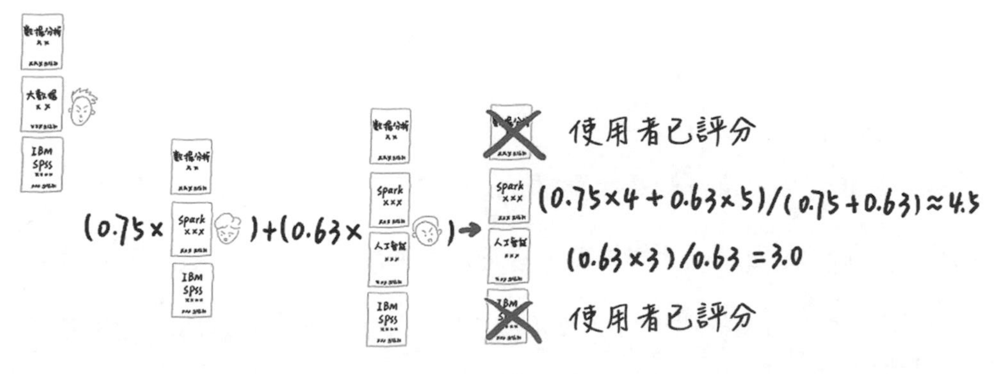

圖 1-5　圖書推薦（1）

這就是著名的推薦系統中以使用者為基礎的協作過濾演算法（User-CF）的思維和計算過程。是不是很直觀？

除了可以根據相似的人推薦圖書外，還可以根據書和書之間的相似度做推薦，於是就有了以物品為基礎的協作過濾演算法（Item-CF），想法是類似的。此時出發點不是計算人和人的相似度，而是計算書和書的相似度。先把每本書用一個向量（這裡用使用者的評分）表示，其他計算過程和之前的完全一樣，讀者可自行練習。以第一本書為例，它和其他 5 本書的相似度如圖 1-6 所示。

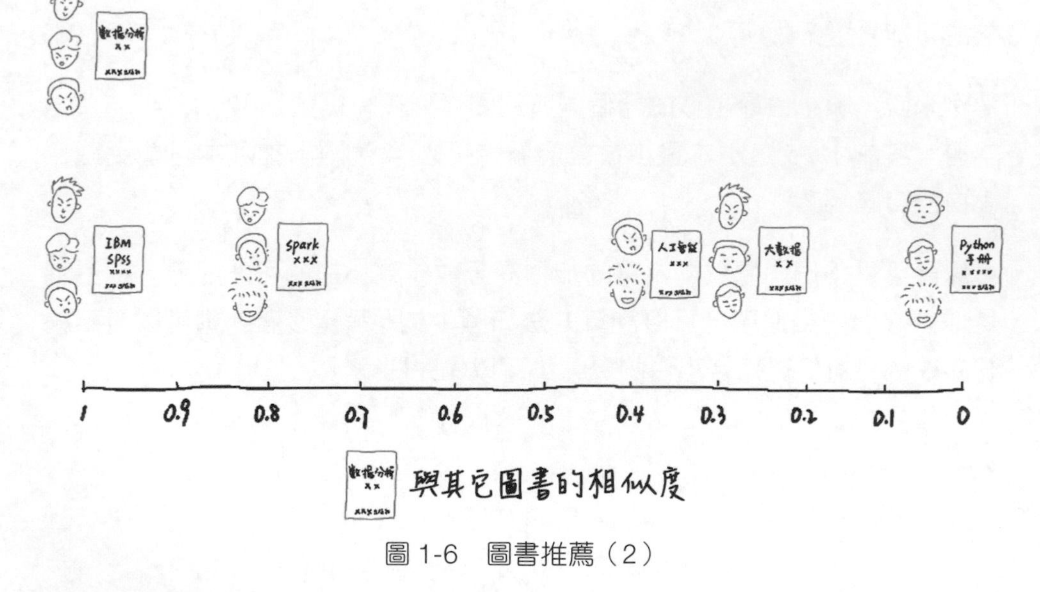

圖 1-6　圖書推薦（2）

同樣，最後也會獲得一個書和書之間的相似度矩陣，如圖 1-7 所示。

同樣可以對使用者做出閱讀推薦。以第一個使用者為例，做法如下：

- 對使用者 1 讀過的每本書，從相似度矩陣中找出最相似的兩本書，組成召回列表；

- 去掉使用者已經讀過的書；
- 計算召回列表中每本書的評分。

	數據分析	大數據	Spark	人工智能	IBM SPSS	Python 手冊
數據分析	1.00	0.27	0.79	0.32	0.98	0.00
大數據	0.27	1.00	0.00	0.00	0.34	0.65
Spark	0.79	0.00	1.00	0.69	0.71	0.18
人工智能	0.32	0.00	0.69	1.00	0.32	0.49
IBM SPSS	0.98	0.34	0.71	0.32	1.00	0.00
Python 手冊	0.00	0.65	0.18	0.49	0.00	1.00

圖 1-7　圖書之間的相似度矩陣

計算過程如圖 1-8 所示。最後獲得的推薦商品為第 3 本書（4.5 分）和第 6 本書（3 分）。

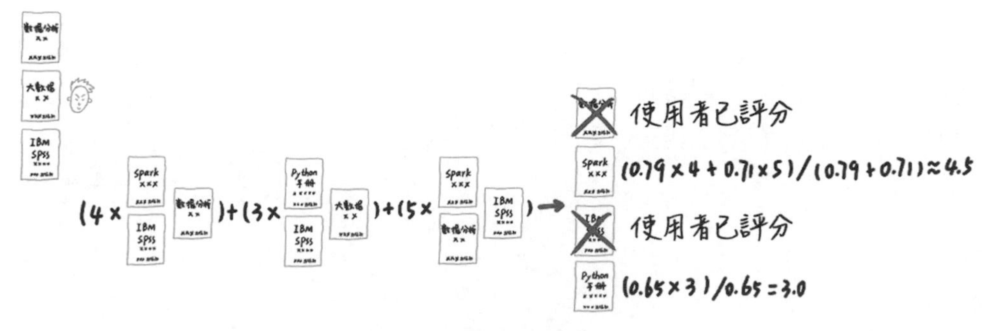

圖 1-8　圖書推薦（3）

1.4 賺大錢

在資料科學領域中有各種各樣的競賽，例如國外有 Kaggle，中國阿里巴巴、京東、新浪等「大廠」也時不時地辦些競賽。其中 Netflix 公司的百萬美金大賽應該是最早出現也是最出名的了。

Netflix 是一家提供線上視訊串流媒體服務和 DVD 租賃業務的公司。它舉辦競賽的目的是為了發現更好的方法以解決電影評分預測問題（之前的實例是圖書評分預測），進而向其使用者做出更準確的推薦，進一步提升業績。

這個競賽大概持續了 6 年，冠亞軍的解決方案中都用到了一種名為矩陣分解的方法。這是一個非常古老的線性代數的演算法，之前工業界更多是把它用在對資料的前置處理（例如資料降維）上。隨著推薦系統這個「殺手級」應用的出現，工業界重新意識到矩陣分解的價值，這個演算法也開展了「第二春」。

矩陣分解是線性代數中的重頭戲，其中奇異值分解（SVD）甚至是研究生階段的課程內容。實際的數學內容會在後面有專門介紹，這裡只是介紹它的思維。

可以想像在這些圖書和讀者背後有一個隱含的因數，例如書的類型——科幻類、人文類、軍事類。一本書對這 3 個類型可以都有所涉獵，但是類別比例不一樣。一個讀者對這 3 類型的喜愛程度也不一樣。可以用兩個向量分別記錄一個人的愛好程度和一本書的類別比例。

$$\boldsymbol{book}_1 = [v_1 \quad v_2 \quad v_3]$$

$$\boldsymbol{user}_1 = [u_1 \quad u_2 \quad u_3]$$

於是，某人對某書的評分可以看作這兩個因素的加權和，數學形式就是兩個向量的點積：

$$x_{u1,b1} = \boldsymbol{user}_1 \cdot \boldsymbol{book}_1 = u_1 v_1 + u_2 v_2 + u_3 v_3$$

對一個人、一本書是這樣考慮的，如果把所有人和所有書都這樣考慮，原始的評分矩陣就可以看作由兩個矩陣相乘獲得的，如圖 1-9 所示。

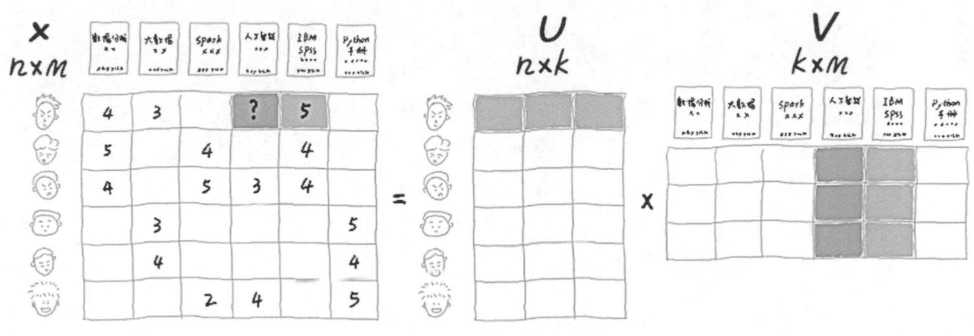

圖 1-9　矩陣分解

對於第一個矩陣 $\boldsymbol{U}$，可以這樣了解：使用者的愛好可以歸納成 k 種，例如科幻類別、言情類別、人文類別，每個使用者會在每個類別上有個喜好程度的評分。

第二個矩陣 $\boldsymbol{V}$ 可以這樣解讀，這 6 本書中一共涵蓋了 3 個主題，但是每本書中 3 個主題佔的篇幅比例是不一樣的。

就這樣的想法價值 100 萬美金，而這個數學內容本身其實已經存在了近百年了。

這一部分實例，有關向量、矩陣、向量運算、矩陣運算、矩陣分解等線性代數中的非常重要的內容。其實不僅在推薦系統中，整個機器學習都重度依賴線性代數，線性代數的重要程度可見一斑。

從相似到向量

在之前小白找好朋友的實例中，提到了向量的重要應用——計算相似度。資料科學中計算相似度的方法不止一種，相關的指標也不止一個。本章將列舉幾個重要且常用的指標，以加深讀者對向量的認識。

2.1 問題：如何比較相似

在資料科學中，經常需要知道個體間差異的大小，進而評價個體的相似性和類別。衡量個體差異的方法有很多，有的方法是從距離的角度度量，兩個個體之間的距離越近就越相似，距離越遠就越不相似；有的方法是從相似的角度度量。

個體

這裡的個體是個泛化的概念，個體的相似既可以是指兩個人的相似、兩個物品的相似，也可以是人和物品的相似、兩個分佈的相似、兩個資料集的相似等。

2.2 程式範例

用距離衡量個體之間的差異時，距離越遠說明個體差異越大，個體之間越不相似。最常用的距離就是歐式距離，它和我們中學時學過的兩點間距離一樣，只不過現在的點是多維空間上的點了。

歐式距離計算公式

$$dist(\mathbf{x}, \mathbf{y}) = \sqrt{\sum_{i=1}^{k}(x_i - y_i)^2}$$

公式說明：

$\boldsymbol{x}$、$\boldsymbol{y}$ 代表兩個個體，對應著兩個多維的向量；

x_i、y_i 是兩個向量在維度 i 上的值。

對應的 Python 程式如下：

如何計算距離

```
1.  import numpy as np
2.  users = ['u1','u2','u3','u4','u5','u6']
3.  # 使用者 - 行為評分矩陣
4.  rating_matrix=np.array([[4,3,0,0,5,0],
5.                          [5,0,4,0,4,0],
6.                          [4,0,5,3,4,0],
7.                          [0,3,0,0,0,5],
8.                          [0,4,0,0,0,4],
9.                          [0,0,2,4,0,5]
10.                         ])
11. # 根據公式計算使用者 u1 和 u2 的距離
12. d1-np.sqrt(np.sum(np.square(rating_matrix[0,:]-rating_matrix[1,:])))
13. # 計算結果
```

```
14. d1
15. 5.196152422706632
```

很多工具套件已經實現了絕大多數距離和相似度的計算，可以直接呼叫。例如 scikit-learn 就提供了一次計算所有樣本兩兩之間距離的方法，可以這樣呼叫：

計算樣本兩兩間的距離

```
import numpy as np
1.  from sklearn.metrics.pairwise import euclidean_distances
2.  eucl_dists = euclidean_distances(rating_matrix)
3.  dist_df = pd.DataFrame(eucl_dists,columns=users,index=users)
```

可以看到圖 2-1 所示的結果。

	u1	u2	u3	u4	u5	u6
u1	0.000000	5.196152	6.633250	8.124038	9.615773	9.746794
u2	5.196152	0.000000	3.316625	9.539392	9.433981	9.273618
u3	6.633250	3.316625	0.000000	10.000000	9.899495	8.185353
u4	8.124038	9.539392	10.000000	0.000000	1.414214	5.385165
u5	7.615773	9.433981	9.899495	1.414214	0.000000	6.082763
u6	9.746794	9.273618	8.185353	5.385165	6.082763	0.000000

圖 2-1　6 個使用者的距離矩陣

使用者距離矩陣有以下兩個特點：

- 使用者距離矩陣是個方陣，對角線元素全是 0，也就是使用者和自己的距離為 0；
- 使用者距離矩陣是個對稱陣，例如 u3 和 u4 的距離等於 u4 和 u3 的距離，都是 10。

除了使用距離，還可以使用相似度來衡量使用者的相似性。常用的相似度是夾角餘弦相似度，它的計算公式如下：

兩個向量的夾角餘弦公式

$$\cos(\theta) = \frac{\boldsymbol{a} \cdot \boldsymbol{b}}{\|\boldsymbol{a}\|\|\boldsymbol{b}\|}$$

可以用下面的程式計算兩個向量的夾角餘弦相似度。

兩個向量的夾角餘弦相似度

```
1.  def mod(vec):
2.     #計算向量的模
3.       x=np.sum(vec**2)
4.       return x**0.5
5.
6.  def sim(vec1,vec2):
7.     #計算兩個向量的夾角餘弦值
8.       s = np.dot(vec1,vec2) / mod(vec1) / mod(vec2)
9.       return s

10. #計算前兩個使用者的相似度
11. cos_sim = sim(rating_matrix[0],rating_matrix[1])
12. #計算結果為
13. 0.7492686492653551
```

程式解讀：

- 程式 1~5 行定義了 mod 方法，該方法用於計算一個向量的模長；
- 第 6~9 行實現了夾角餘弦的計算；
- 第 11 行計算使用者 u1 和 u2 的夾角餘弦相似度，其結果是 0.749。

同樣，scikit-learn 也提供了計算所有樣本兩兩之間的相似度並獲得相似度矩陣的方法：

計算樣本兩兩之間的相似度

```
1. from sklearn.metrics.pairwise import cosine_similarity
2. cos_sims = cosine_similarity(rating_matrix)
3. sims_df = pd.DataFrame(cos_sims, columns=users,index=users)
4.
5. sims_df
```

可以獲得如圖 2-2 所示的相似度矩陣。

	u1	u2	u3	u4	u5	u6
u1	1.000000	0.749269	0.626680	0.218282	0.300000	0.000000
u2	0.749269	1.000000	0.913017	0.000000	0.000000	0.157960
u3	0.626680	0.913017	1.000000	0.000000	0.000000	0.403687
u4	0.218282	0.000000	0.000000	1.000000	0.970143	0.639137
u5	0.300000	0.000000	0.000000	0.970143	1.000000	0.527046
u6	0.000000	0.157960	0.403687	0.639137	0.527046	1.000000

圖 2-2 相似度矩陣

相似度矩陣具有以下特點：

- 矩陣是個方陣，對角線元素都是 1，即使用者和自己的相似度最大，為 1；
- 矩陣是個對稱矩陣，u1 和 u2 的相似度等於 u2 和 u1 的相似度。

我們可以借助熱力圖之類的工具，用視覺化的方式來觀察相似度矩陣，例如下面的程式用 Seaborn 中的方法繪製熱力圖。

用 Seaborn 中的熱力圖觀察相似度矩陣

```
1.  import seaborn as sns
2.  sns.heatmap(sims_df,cmap='Reds',annot=True, fmt='.2f')
```

繪製結果如圖 2-3 所示，顏色越深代表相似度越高。

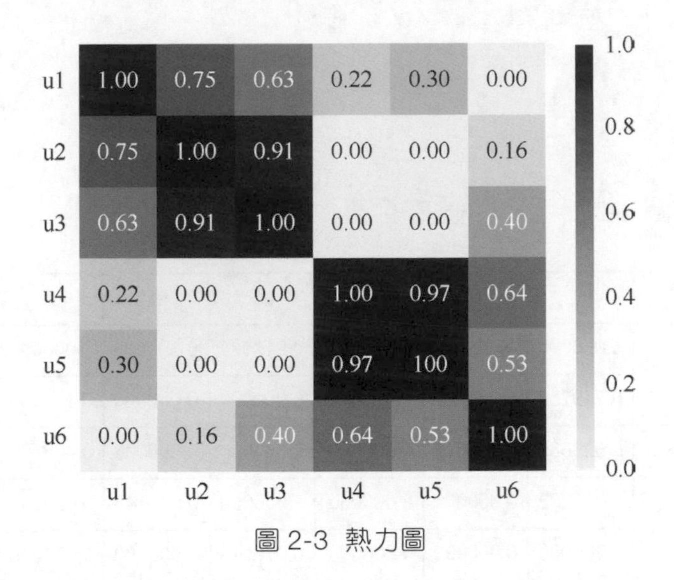

圖 2-3 熱力圖

2.3 專家解讀

資料科學領域有一個很基礎、很重要的模型──向量空間模型（Vector Space Model，VSM）。該模型把要研究的物件想像成空間中的向量或一個點，然後透過分析點和點之間的距離或相似性來採擷出資料內隱藏的資訊。

以圖 2-4 所示的使用者行為評分矩陣為例，它其實是個二維度資料表格（矩陣從形態上看就是二維度資料表格，相當於資料庫中的一張表）。其中的每一行叫作一個樣本，每一列叫作樣本的特徵，所以在這份資料集中每個人就是一個樣本，每個人有 6 個特徵。

	数据分析	大数据	Spark	人工智能	IBM SPSS	Python 手册
	4	3			5	
	5		4		4	
	4		5	3	4	
		3				5
		4				4
			2	4		5

圖 2-4　使用者行為評分矩陣

於是，我們可以想像有一個六維的空間，每個特徵（每本書）就是空間的維度，然後每個人就是這個六維空間中的點。

資料科學中的幾大類問題都可以用向量空間模型解釋，例如二分類問題。所謂二分類問題就是在空間中找到一個超平面把兩種資料點完美分開，一旦找到這樣的超平面，就可以用它進行預測──看資料點落在平面的哪一側來判斷它屬於哪一個類別，如圖 2-5 所示。

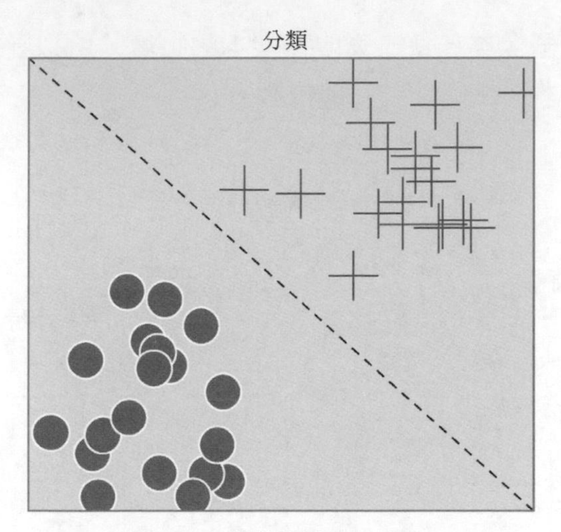

圖 2-5 分類問題和 VSM

二分類問題的應用場景非常多，例如銀行的詐騙檢測，即預測一個使用者是否是詐騙使用者，進一步決定是否對其提供貸款服務。

而回歸問題則是在空間中找到一個超平面，使其盡可能地穿過所有的點。這個平面既可以用一個方程式表達，也可以用於未來的預測，如圖 2-6 所示。

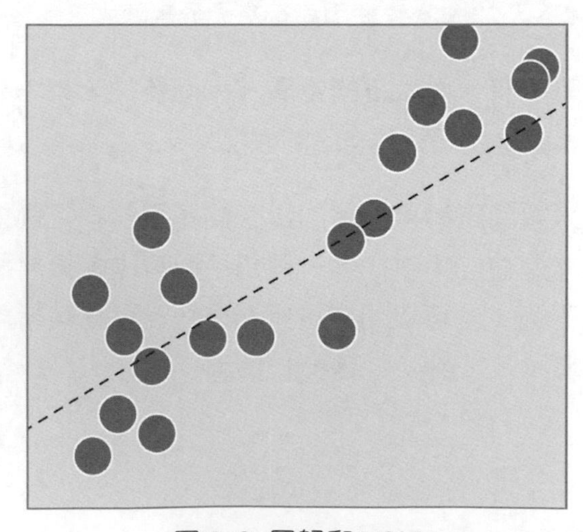

圖 2-6 回歸和 VSM

回歸的場景非常多，例如根據不同地區使用者的消費特點來預測投放的共用單車數量。

分群問題是根據樣本之間的相似程度，把樣本分成幾組，讓每組內部的樣本盡可能相似，而組和組之間的樣本則盡可能不相似。一旦完成這樣的分組，就可以進行分析，找出組和組之間的區別以指導企業營運。分群的範例如圖 2-7 所示。

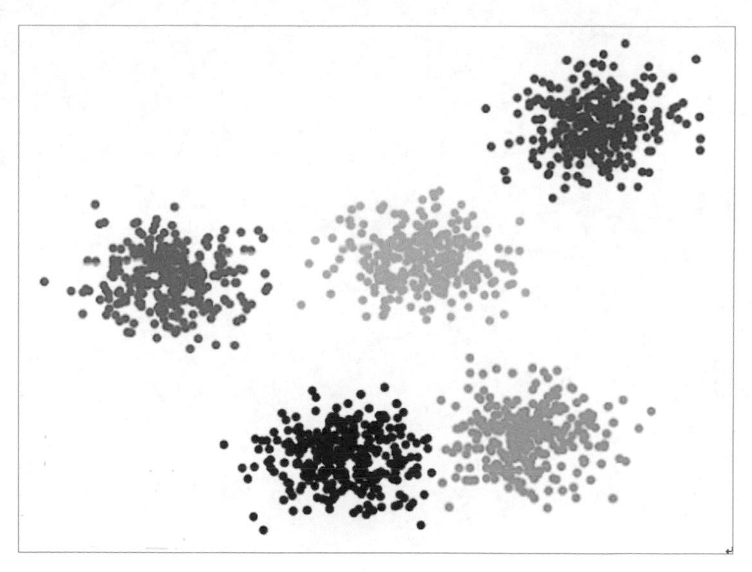

圖 2-7 分群和 VSM

分群典型的應用場景有使用者價值分析和精細化營運。舉例來說，早期的中國移動的電話卡分成神州行、動感地帶、全球通 3 個品牌。這 3 個品牌針對不同的使用者群眾，提供不同的加值服務。這種使用者群眾的區分，通常就是用分群完成的。

向量和向量運算

代數中，數字之間有加、減、乘、除等運算。線性代數中的向量也有類似的運算。

3.1 程式範例：在 Python 中使用向量

在做線性代數運算時，Python 提供了兩個套件：一個是 NumPy，另一個是 SciPy，後者是建立在前者之上的功能更豐富的套件，例如後者支援稀疏矩陣，並內建了一些資料分析的演算法，如分群、決策樹等。本節以 NumPy 為例示範。

3.1.1 建立向量

用 NumPy 的 ndarray 定義一個一維陣列物件，就相當於建立了一個向量。

建立向量

```
1. import numpy as np
2. x = np.array([1,2,3,4,5])
3. y = np.array([2,5,6,3,2])
```

3.1.2 向量的範數（模長）

向量的長度，也叫作向量的二範數、模長，記作 $\|\boldsymbol{a}\|$，其計算公式就是我們熟悉的兩點間歐氏距離公式。

對於向量 $\boldsymbol{a}$：

$$\boldsymbol{a} = \begin{pmatrix} a_1 \\ a_2 \\ \vdots \\ a_n \end{pmatrix}$$

其長度公式為

$$\|\boldsymbol{a}\| = \sqrt{a_1^2 + a_2^2 + \cdots + a_n^2}$$

進行向量的特殊運算時，我們可以使用 NumPy 的 linalg 子模組（linalg 就是線性代數的縮寫）。

計算向量的長度

```
1. np.linalg.norm(x)
2. #計算結果
3. 7.416198
```

3.1.3 向量的相等

如果兩個向量的維數相同，並且對應元素相等，就說這兩個向量相等。舉例來說，圖 3-1 中左邊的兩個向量相等，右邊的兩個向量因為維數不同所以不相等。

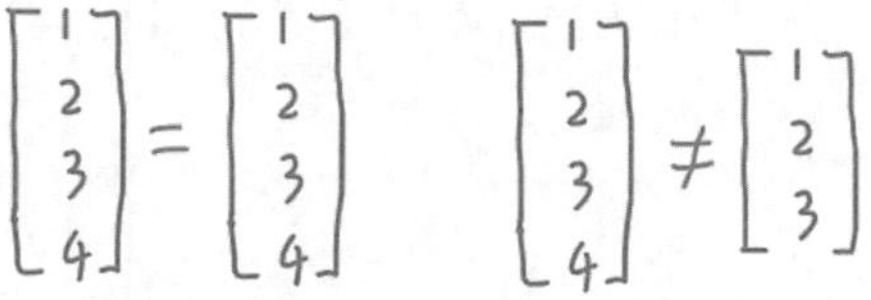

$$\begin{bmatrix}1\\2\\3\\4\end{bmatrix}=\begin{bmatrix}1\\2\\3\\4\end{bmatrix} \qquad \begin{bmatrix}1\\2\\3\\4\end{bmatrix}\neq\begin{bmatrix}1\\2\\3\end{bmatrix}$$

圖 3-1 向量的相等和不等

讀者可以用下面的程式判斷兩個向量是否相等：

```
np.all(x==y)
```

程式解讀：

- 我們想要的答案是兩個向量是否整體相等，並不關心哪些實際元素相等、不相等（即只要結果，不問原因）；
- x==y 這個敘述會對 x、y 中的對應元素進行比較，傳回結果是一個由 Ture 或 False 組成的向量；
- np.all 檢查向量中的每個元素，只有都是 True 的時候才傳回 True，否則傳回 False。

3.1.4 向量加法（減法）

向量的加法（減法）就是兩個維度相同的向量的對應元素之間的相加（減）。NumPy 可以對兩個向量直接進行加減運算。

向量的加減運算

```
1.  z = x+y
2.  # 結果
3.  array([3, 7, 9, 7, 7])
```

可以從幾何的角度來了解向量的加減法運算：將兩個向量作為兩條邊，畫一個平行四邊形，對角線向量就是兩個向量的和向量，如圖 3-2 所示。

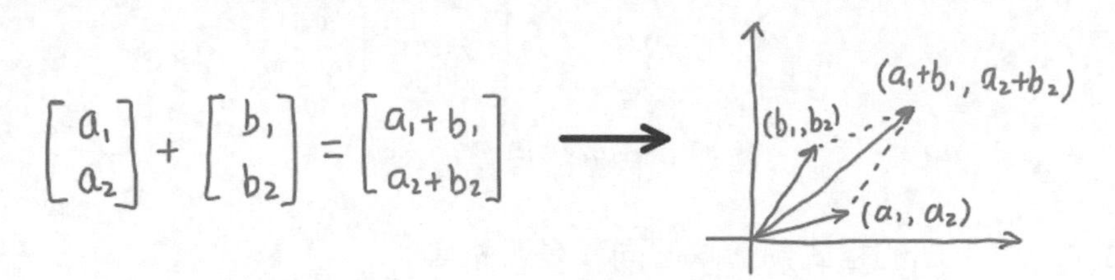

圖 3-2　向量加法的幾何意義

兩個向量的減法的幾何意義是平行四邊形的另一條對角線，如圖 3-3 所示。

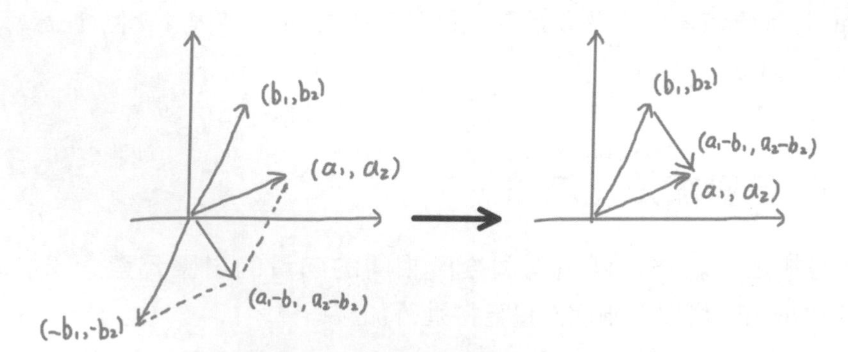

圖 3-3　向量減法的幾何意義

3.1.5 向量的數乘

向量的數乘就是向量和一個數字相乘，等於向量的各個分量都乘以相同的係數。NumPy 支援向量的數乘運算。

向量的數乘運算

```
1. z = 10*x
2. # 結果
3. array([10, 20, 30, 40, 50])
```

向量數乘的幾何意義就是把向量伸展了 k 倍，如圖 3-4 所示。

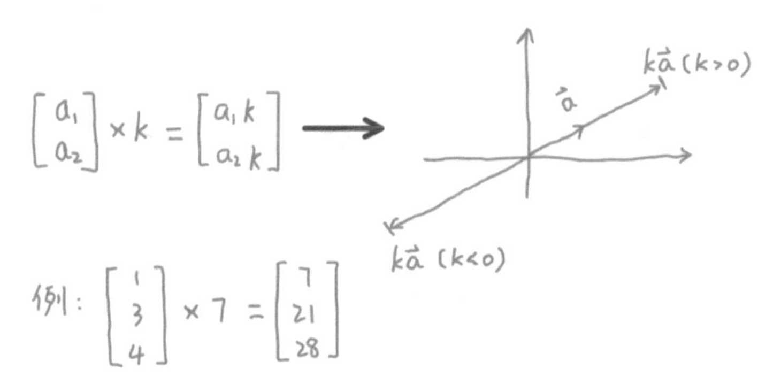

圖 3-4 向量數乘的幾何意義

3.1.6 向量的線性組合

把向量的加法和數乘組合起來就獲得了向量的線性組合，如圖 3-5 所示。之所以叫線性是因為加法和數乘都是線性計算。

向量的線性組合

```
1. 10* x + 5 * y
2. # 計算結果
3. array([20, 45, 60, 55, 60])
```

習慣上，我們說向量時都是指列向量，如果是行向量，會加上一個上標符號 T，T 代表轉置。向量的表示習慣如表 3-1 所示。

表 3-1 向量的表示習慣

	行向量	列向量
範例	$\boldsymbol{a} = (2,4,7)$	$\boldsymbol{b} = \begin{pmatrix} 2 \\ 4 \\ 7 \end{pmatrix}$
列向量標記法	$\boldsymbol{a}^{\mathrm{T}}$	$\boldsymbol{b}$

Chapter 04

最難的事情——向量化

從事資料分析工作的人常自詡為「礦工」，即從資料中挖金子的人。有一句行話叫 "Garbage In，Garbage Out"。也就是說，如果你對著的是個垃圾堆而非礦山的話，你最後獲得的不是金子而是垃圾。

礦山指什麼？垃圾堆又是什麼？它們都是你要面對的資料。

所以，對資料工作來說，決定最後效果的不是演算法，而是資料，是資料品質，更直接地說，就是那些代表分析物件的向量。

在一個資料專案中，分析師通常會花費 70% ～ 80% 的精力在資料的前置處理上，資料的前置處理其實就是把分析物件用向量表示。而剩下的 20% ～ 30% 的精力則放在訓練模型、最佳化模型、寫報告、分享交流等其他事情上。

如果說資料工作中哪一個環節最難，作者認為就是向量化，沒有之一。

而且資料的向量化沒有固定策略，完全是靠對業務的認識、踩雷的血淚教訓經驗堆出來的。

接下來看一個實際的工業需求實例。

4.1 問題：如何對文字向量化

在所有的資料工作中，「礦工」處理的都是全數字的向量，不管資料是一段文字、一張圖片、一段語音還是一段視訊，都必須想辦法先將其轉換成數字向量，然後才能愉快地「玩耍」。

文字向量化屬於自然語言處理的範圍。自然語言處理是指讓機器了解並解釋人類寫作與說話方式的能力，是人工智慧的子領域。它具有非常廣泛的應用場景，例如機器翻譯、人機對話、機器客服等。

自然語言是人類智慧的結晶，自然語言處理是人工智慧中最困難的問題之一。所以，對自然語言處理的研究也是充滿了魅力和挑戰。

自然語言處理的最基本的問題是：如何把一個單字轉變成一個數字向量。

圖 4-1 所示的就是單字的向量化，進而把一句話、一個段落、一篇文章、一本書轉變成一個向量。

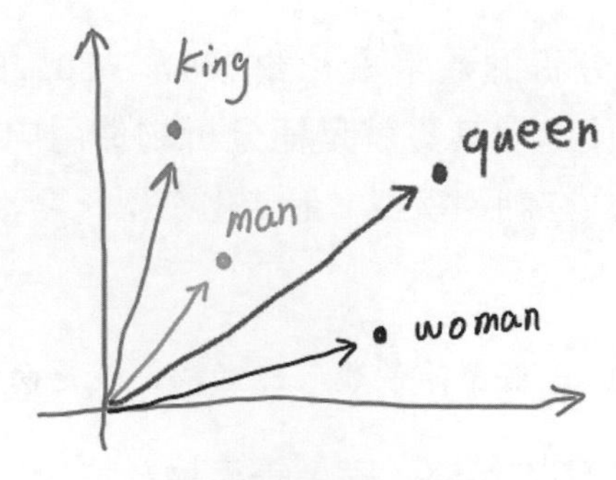

圖 4-1 單字的向量化

為什麼要做這件事？因為只有向量化之後才能計算距離、相似度，才能做文章分類、輿情分析這樣的工作。

就單字向量化這件事而言，其實目前並沒有很好的解決方法，還處於不斷研究發展階段，只不過有了一些用起來還可以、好像還不錯的方法。我們不妨看看工業上都是怎麼做的。

下面將介紹一個工業上廣泛應用的、至今仍未被淘汰的編碼方式——One-Hot Encoding。

4.2 One-Hot Encoding 方式

這種編碼方案的思維是這樣的，首先建立一個詞典，你既可以把《康熙字典》《新華字典》上的所有詞都輸入電腦中，也可以只根據語料庫中的詞建立詞典。

假設詞典裡就有 9 個詞，分別是 man、woman……如圖 4-2 所示。

Vocabulary:
man, woman, boy,
girl, prince,
princess, queen,
king, monarch

圖 4-2 詞典中一共有 9 個詞

然後做以下設計：

- 由於詞典的長度是 9，所以每個單字最後都是一個 9 維的向量；

- 每個單字向量的長度等於字典長度，向量的每個維度對應著一個詞，詞的先後順序無所謂；
- 每個單字向量中，只有這個詞對應的維度是 1，其他位置都是 0；
  例如在圖 4-2 的單字的向量化實例中，字典中一共有 9 個單字，所以字典長度就是 9，於是每個詞向量的長度也是 9。

假設詞向量的第一個維度對應 man 這個單字，那麼對於 man 這個詞，就會被編碼成 [1 0 0 0 0 0 0 0 0]，第一個維度是 1，其他維度都是 0。其他單字都按照相同的方式編碼，於是就有圖 4-3 所示的編碼結果，其中每一行對應著一個單字的最後編碼。

單詞＼維度	1	2	3	4	5	6	7	8	9
man	1	0	0	0	0	0	0	0	0
woman	0	1	0	0	0	0	0	0	0
boy	0	0	1	0	0	0	0	0	0
girl	0	0	0	1	0	0	0	0	0
prince	0	0	0	0	1	0	0	0	0
princess	0	0	0	0	0	1	0	0	0
queen	0	0	0	0	0	0	1	0	0
king	0	0	0	0	0	0	0	1	0
monarch	0	0	0	0	0	0	0	0	1

圖 4-3 編碼表

這就是著名的 One-Hot Encoding。有人翻譯成獨熱編碼，對應的，獲得的結果向量叫作獨熱向量。獨熱是指整個向量中只有一個熱點，其他位置都「冷冷清清」的。

對於這種向量化做法，你的第一感覺是什麼？太兒戲了，太粗糙了，還是太聰明了？不管怎樣，這的確是工業上廣泛使用的編碼方式。

單字向量化的方法已經有了，那麼一句話、一個段落、一篇文章該怎麼向量化呢？

舉例來說，語料庫有 4 句話，那麼可以把它們想像成 4 篇文章。如何把這 4 句話轉化成向量形式呢？

這 4 句話如下。

```
小貝來到北京清華大學
小花來到了網易杭研大廈
小明碩士畢業於中國科學院
小明愛北京小明愛北京天安門
```

目前通用的做法是把所有詞的向量相加，將獲得的結果向量作為文章的向量。但實作方式時又會有細節上的不同。

4.2.1 做法 1：二值化

這種方法獲得的文章向量中會表現一個詞是否出現，出現記 1，否則記 0。按照這種方法，之前那 4 句話獲得的向量如圖 4-4 所示。

句子＼詞	中國	北京	大廈	天安門	小明	小花	小貝	來到	杭研	畢業	清華大學	碩士	科學院	網易
小貝來到北京清華大學	0	1	0	0	0	0	1	1	0	0	1	0	0	0
小花來到了網易杭研大廈	0	0	1	0	0	1	0	1	1	0	0	0	0	1
小明碩士畢業於中國科學院	1	0	0	0	1	0	0	0	0	1	0	1	1	0
小明愛北京小明愛北京天安門	0	1	0	1	1	0	0	0	0	0	0	0	0	0

圖 4-4 二值化編碼

舉例來說，第 4 句話中「小明」、「北京」兩個詞都出現了兩次，但由於只關心出現與否，不關心出現次數，所以記錄的都是 1。

在 scikit-learn 中，可以用以下程式來完成這個開發過程。

用 scikit-learn 完成二值化編碼

```
1. from sklearn.feature_extraction.text import CountVectorizer
2. vectorizer = CountVectorizer(min_df=1,binary=True)
3. data = vectorizer.fit_transform(corpus)
```

執行這段程式，會獲得圖 4-4 所示的結果。

4.2.2 做法 2：詞頻法

詞頻（term frequency）法就是把文章中所有單字的向量做加法運算，相當於記錄每個單字的出現頻次。

舉例來說，還是之前的 4 句話，使用詞頻法獲得的向量如圖 4-5 所示。

句子 ＼ 詞	中國	北京	大廈	天安門	小明	小花	小貝	來到	杭研	畢業	清華大學	碩士	科學院	網易
小貝來到北京清華大學	0	1	0	0	0	0	1	1	0	0	1	0	0	0
小花來到了網易杭研大廈	0	0	1	0	0	1	0	1	1	0	0	0	0	1
小明碩士畢業於中國科學院	1	0	0	0	1	0	0	0	0	1	0	1	1	0
小明愛北京小明愛北京天安門	0	2	0	1	2	0	0	0	0	0	0	0	0	0

圖 4-5 詞頻法編碼

第 4 句話「小明」、「北京」出現了兩次，所以對應維度是 2。

可以用 scikit-learn 非常容易地完成這個編碼：

用 scikit-learn 完成詞頻法編碼

```
1. from sklearn.feature_extraction.text import CountVectorizer
2. # 把 binary 參數設定為 False 即可
3. vectorizer = CountVectorizer(min_df=1,binary=False)
4. data = vectorizer.fit_transform(corpus)
5.
```

4.2.3 做法 3：TF-IDF

TF-IDF 法在詞頻法的基礎上進行了改進。它對每個單字出現的次數做了修正，對於那些常見詞，例如「你」、「我」、「他」、「是」這樣一些毫無區分度、在所有文章中都會大量出現的單字降低了它的頻次，進一步減少這個維度的重要性。

而對於一些非常罕見、有非常強的區分能力的單字，TF-IDF 會調高它的頻次。例如「資訊熵」，這是個非常冷門的電腦術語，只會出現在一些專業論文裡，不出現則已，一出現則鋒芒畢現。像這樣的詞，要提升它的重要性。

上面 4 句話經過 TF-IDF 編碼後，獲得的結果如圖 4-6 所示。

	中國	北京	大廈	天安門	小明	小花	小貝	來到	杭研	畢業	清華大學	碩士	科學院	網易
小貝來到北京清華大學	0.00	0.44	0.00	0.00	0.00	0.00	0.56	0.44	0.00	0.00	0.56	0.00	0.00	0.00
小花來到了網易杭研大廈	0.00	0.00	0.47	0.00	0.00	0.47	0.00	0.37	0.47	0.00	0.00	0.00	0.00	0.47
小明碩士畢業於中國科學院	0.47	0.00	0.00	0.00	0.37	0.00	0.00	0.00	0.00	0.47	0.00	0.47	0.47	0.00
小明愛北京小明愛北京天安門	0.00	0.65	0.00	0.41	0.65	0.00	0.00	0.00	0.00	0.00	0.00	0.00	0.00	0.00

圖 4-6 TF-IDF 編碼

同樣，用 scikit-learn 可以很容易地實現這種編碼：

用 scikit-learn 實現 TF-IDF 編碼

```
1.  vectorizer = TfidfVectorizer(min_df=1)
2.  data = vectorizer.fit_transform(corpus)
3.  features = vectorizer.get_feature_names()
```

一旦文件轉化成了向量，接下來就需要根據實際目的來選擇實際的方法，分類問題就用分類演算法，回歸問題就用回歸演算法。

4.3.2 One-Hot 到 Word2Vec

One-Hot Encoding 方式的最大問題是單字的編碼不能表現詞義，對任何兩個單字向量而言，它們的夾角餘弦相似度都是 0，歐式距離都是 $\sqrt{2}$。在這種情況下，詞義的關係完全表現不出來。舉例來說，說「美麗」和「優雅」、「跑步」這三個詞的相似度完全一樣，顯然不合理。

近幾年工業上一個比較成功的解決方案是 Google 出品的 Word2Vec。顧名思義，這個解決方案做的就是 word to vector 這件事。關於這個方案的技術細節這裡不說明，但是可以先看看它的效果。

首先，Word2Vec 獲得的詞向量是稠密向量，它的維度數量是使用者自己控制的，你想要 100 維就給你 100 維，想要 1000 維就給你 1000 維，而且基本上不會有維度值為 0 的情況。

其次，詞向量之間可以做相似性比較。換句話說，我們可以認為機器學習到了單字的一些語義資訊，例如它可以實現圖 4-8 所示的效果。

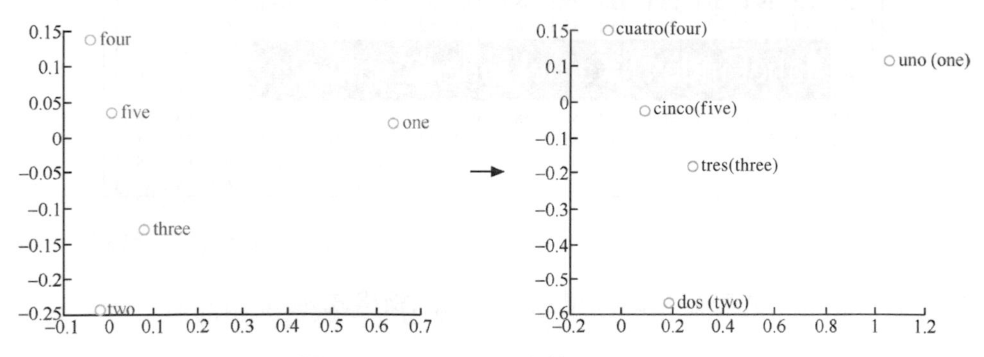

圖 4-8 Word2Vec 的效果圖（1）

圖 4-8 左邊是幾個英文數字單字的向量表示，右邊是同樣數字的西班牙文單字的向量表示。你會驚奇地發現，兩種語言的向量差不多是重合的。

Word2Vec 還能達到圖 4-9 所示的效果：左邊這幅圖顯示的是學習到名詞在性別上的差異，右邊這幅圖顯示的是學習到動詞在時態上的差異。

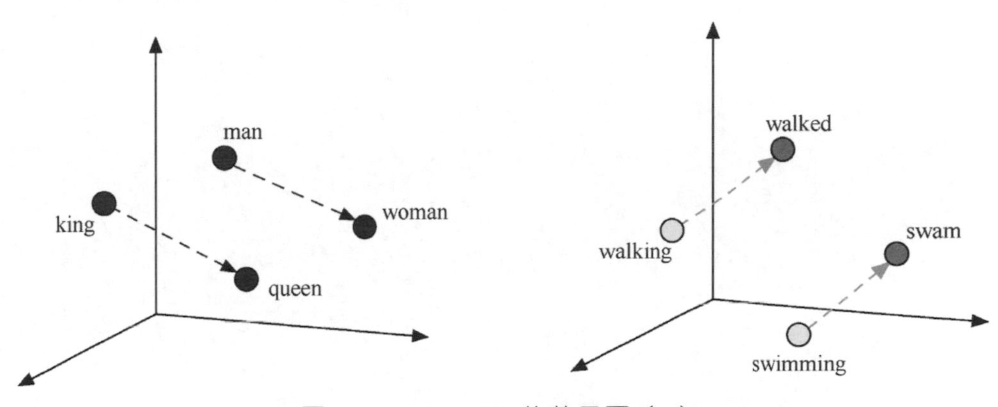

圖 4-9 Word2Vec 的效果圖（2）

這些成果看起來很驚人，但其實離真正了解詞意還有很長的路要走。所以比爾·蓋茲表示：「語言理解是人工智慧皇冠上的明珠。」微軟副總裁沈向洋也說：「懂語言者得天下……人工智慧對人類影響最為深刻的就是自然語言方面。」微軟亞洲研究院副院長周明表示：「相比於趨於飽和的電腦視覺和語音辨識技術，自然語言處理因技術難度太大、應用場景太複雜，研究成果還未達到足夠的高度。」

從線性方程組到矩陣

星期一的早晨，經理交給小白一個工作：預測每天商品的銷量。經理提供了一份圖 5-1 所示的資料。

instant	dteday	temp	atemp	hum	windspeed	holiday	cnt
1	2017-01-01	0.344167	0.363625	0.805833	0.160446	0	985
2	2017-01-02	0.363478	0.353739	0.696087	0.248539	0	801
3	2017-01-03	0.196364	0.189405	0.437273	0.248309	0	1349
4	2017-01-04	0.200000	0.212122	0.590435	0.160296	0	1562
5	2017-01-05	0.226957	0.229270	0.436957	0.186900	0	1600

圖 5-1　資料樣本（後面使用該資料時需要進行截斷處理，只保留小數點後 3 位）

各列的含義如下：

- 第 1 列是 ID，沒有意義，可以忽略；
- 第 2 列為日期；
- 第 3 列為氣溫；

- 第 4 列為地表溫度；
- 第 5 列為空氣濕度；
- 第 6 列為風速；
- 第 7 列為是否節假日，0 代表否，1 代表是；
- 最後一列為當天的商品銷量。

看起來這個商品的銷量和天氣相關，猜猜它是什麼。

經理說時間緊、工作重，公司大老正在會議室等著報告呢！

剛剛才搞懂向量的小白只能硬著頭皮衝了。只用前面幾章學到的知識，小白是否可列出一個解決方案呢？

當然可以，找相似啊！

我們可以這麼考慮，目前拿到的資料主要是每天的氣象情況，包含溫度、濕度、風速，還有是不是節假日。根據直覺，這些因素都會影響銷量。

既然想預測某天的銷量，就可以根據那一天的氣象資料、是否節假日，從歷史資料中找出最相似的 k 天，然後把這些天的銷量做一個平均，將其作為預測即可，因為歷史總是在不斷地重複、重複、再重複。這就是著名的 k 最近鄰（k-nearest neighbor，KNN）演算法。

另外，對原始資料還可以做深加工，例如根據日期可以知道當天的季節，可以知道當天是星期幾、是不是工作日，這些資訊對於預測都有幫助。可以將這些資料分析出來組成樣本向量，這就是所謂的特徵工程，其實就是一個開腦洞的過程，想方設法地從不起眼處挖出更多「猛料」。

上面這種以相似天氣為基礎的方法絕對沒有問題，不過本章要學習的是另一種方法──以回歸為基礎的預測。

5.1 回歸預測

對於類似的問題，一個不錯的方法是套用回歸模型。最簡單的回歸是線性回歸，就是建立下面這樣一個公式：

$$y = a_1x_1 + a_2x_2 + \cdots + a_mx_m + b$$

其中：

- y 是關心的目標，在這個問題裡代表每天的商品銷量；
- $x_1, x_2,\cdots, x_m$ 是資料中的特徵，例如溫度、是否節假日等；
- $a_1, a_2,\cdots, a_m$ 是特徵的係數；
- b 是截距項。

一旦能夠獲得這樣一個方程式，就可以把未來某一天（第 i 天）的 x_i 代入方程式算出那天的 y，這就是所謂的回歸預測。

通常來說，可以把截距項 b 當作一個新特徵的係數，這個特徵在所有樣本上的值都是 1。這樣做的目的是把整個公式的各項都統一成 a_ix_i 的形式。於是，原始公式就可以寫成這樣：

$$y = \sum_{i=1}^{m+1} a_i x_i$$

而這個樣子不正好是兩個向量點積的形式嗎？

在這個模型中，x、y 是已知量，就是提供的資料。係數 a_i 是未知量，所以後續的工作就是利用資料求取未知係數 a_i。

把資料代入到這個公式中，會獲得許多個方程式（有多少筆樣本就有多少個方程式）組成的方程組。依據現有的資料，這個方程組如下所示，原諒作者的「懶癌」犯了，只寫入第一個方程式，其他的類推好了：

$$\begin{cases} a_1 \times 0.344 + a_2 \times 0.363 + a_3 \times 0.805 + a_4 \times 0.160 + a_5 \times 0 + a_6 = 985 \\ \cdots \\ \cdots \\ \cdots \\ \cdots \end{cases}$$

所以，回歸問題其實就是解方程組求未知係數 a_i 的問題，而且每個方程式都是最簡單的線性方程。

簡單嗎？似乎很簡單，解方程組誰不會啊？不過就是麻煩點。

但仔細想一下，這個方程組是什麼樣的。如果有 n 個樣本、m 個特徵，那其實是一個由 n 個方程式、m+1 個未知量組成的方程組，通常 $n \gg m$。根據中學學過的數學知識，這樣的方程組是不可解的，至少是沒有解析解的。

暫且把怎麼解放在一邊，先看看這個方程組和線性代數有什麼關係。

5.2 從方程組到矩陣

以一個最簡單的方程組為例：

$$\begin{cases} a_1 x_{11} + a_2 x_{12} + a_3 = y_1 \\ a_1 x_{21} + a_2 x_{22} + a_3 = y_2 \end{cases}$$

注意，這個方程組和我們熟悉的中學方程組不一樣，其中的未知量是 a_i，而 x、y 是已知量。

為了節省筆墨，可以將其抽象成下面這樣：

$$\begin{pmatrix} x_{11} & x_{12} & 1 \\ x_{21} & x_{22} & 1 \end{pmatrix} \begin{pmatrix} a_1 \\ a_2 \\ a_3 \end{pmatrix} = \begin{pmatrix} y_1 \\ y_2 \end{pmatrix}$$

左邊這列是矩陣，也可以叫方程組的係數矩陣，中間這一列是未知向量，右邊這一列是結果向量。

所以，所謂矩陣就是一個二維的數字表格。人們約定俗成地用大寫字母的黑斜體表示矩陣，例如 $\boldsymbol{A}$；用小寫字母的黑斜體表示向量，例如 $\boldsymbol{b}$，有的時候為了強調它是個向量還會加上一個「帽子」，如 $\vec{b}$。不過在線性代數的語境中，很多時候就用 $\boldsymbol{b}$ 表示，「帽子」就不戴了，讀者只需記住小寫字母 $\boldsymbol{y}$ 代表向量就好。所以上面的方程組可以表示成：

$$\boldsymbol{Xa} = \boldsymbol{y}$$

從方程組到矩陣的過程不是生拉硬拽地亂配，歷史上線性代數最初的作用就是解方程組，而且矩陣和向量最初的起源也是如此。只不過後來隨著研究的深入，矩陣和向量開始成為獨立的數學工具，而不再侷限於解方程組了。

5.3 工程中的方程組

哲學有 3 個終極命題：我是誰？從哪裡來？到哪裡去？

大學中「線性代數」也有 3 個終極問題：

- 方程組是否有解？
- 如果有解，是唯一解還是多個解？
- 如果有多個解，多個解有什麼樣的關係？

圍繞這些問題，會有一大堆的概念和方法出現，例如解方程組用高斯消去法、行列式、矩陣的秩、矩陣的跡等。

對於這些內容（所有和解方程組有關的內容），作者的建議是在思維上重視，在行動上忽略。換句話說，對這些概念要知道含義，但是計算什麼的，不會就不會吧。當然，如果讀者是要考研究所的話就另當別論！

我的淺薄的中學數學知識告訴我，如果有 n 個未知量，要想找到唯一解，方程組中方程式的數量應該也剛好有 n 個；如果不足 n 個，那就可能沒有唯一解；如果多於 n 個，那就可能無解。

舉例來說，方程式 $2x+3y=9$ 一定沒有唯一解。而下面這個方程組無解：

$$\begin{cases} 2x+3y=9 \\ x+y=8 \\ 2x-y=10 \\ 4x+y=11 \end{cases}$$

一個好消息是，在工程中遇到的基本都是後面這種方程組，基本無解，準確地說是沒有解析解。

我們在中學都死記硬背過，一元二次方程 $ax^2+bx+c=0(b^2-4ac \geqslant 0)$ 的解是 $x=\dfrac{-b\pm\sqrt{b^2-4ac}}{2a}$，這是所謂的解析解，因為只要列出 a、b 和 c，不管張三還是李四都能獲得一樣的結果。

而所謂的數值解，就是在明明無解的情況下，硬要找出一個所謂的「最佳解」，這個解不能使方程式成立，但是卻能使其偏差最小，這就是所謂的數值解。在不同的場景下，對這個「最佳」具有不同的定義。

所以，在資料科學的工程問題上，人們都是在找一個所謂的最佳解！

一個壞消息是，由於工程中的方程組沒有解析解，所以線性代數中的很多知識沒了用武之地。我們要用更加複雜的數學方法去尋找數值解，比如說梯度下降的方法。在這裡，作者先挖了個大大的坑，然後用後面的「最佳化論」去填坑。

空間、子空間、方程組的解

現在我們已經認識了什麼是矩陣，也見識了矩陣和方程組的關係。下面換個角度來重新檢查矩陣。對於下面這樣一個矩陣：

$$\begin{pmatrix} x_{11} & x_{12} & \cdots & x_{1m} \\ x_{21} & x_{22} & \cdots & x_{2m} \\ \vdots & \vdots & & \vdots \\ x_{n1} & x_{n2} & \cdots & x_{nm} \end{pmatrix}$$

可以把這個矩陣看作一個行向量，其中的每一個元素又是一個列向量，也就是這樣：

$$(\boldsymbol{x}_1, \boldsymbol{x}_2, \cdots, \boldsymbol{x}_m)$$

這樣表示並沒有改變矩陣本質，只不過換成了「圓環套圓環」的玩法。現在原始方程組可以這樣表示：

$$(\boldsymbol{x}_1, \boldsymbol{x}_2, \cdots, \boldsymbol{x}_m)\begin{pmatrix} a_1 \\ a_2 \\ \vdots \\ a_m \end{pmatrix} = \begin{pmatrix} y_1 \\ y_2 \\ \vdots \\ y_n \end{pmatrix}$$

再做一點變形，就會獲得：

$$a_1\boldsymbol{x}_1 + a_2\boldsymbol{x}_2 + \cdots + a_m\boldsymbol{x}_m = \boldsymbol{y}$$

這個式子就是本章的重點：

- 首先，看等式的左邊，表達的是 m 個列向量 $\boldsymbol{x}_1,\cdots,\boldsymbol{x}_m$ 的線性組合；
- 再看等式的右邊，還是個列向量 $\boldsymbol{y}$。

所以，現在這個方程組可以重新解讀為：m 個列向量透過某種線性組合獲得了列向量 $\boldsymbol{y}$，解方程組就是尋找合適的組合係數 $a_1,\cdots,a_m$。

6.1 空間和子空間

現在，請考慮這樣一件事情：只看等式左邊的向量組合，如果對這幾個列向量做任意組合，或說讓 $a_1,\cdots,a_m$ 取遍所有可能的實數值，請問會獲得什麼？

答：會獲得一個生成空間（spaning space），如果這個空間包含零點，那它就叫子空間。包含零點很容易，只要讓所有係數 a_i 為 0，那就會獲得一個零向量，這就是所謂的零點。

上述就是線性代數中空間和子空間的概念，子空間的概念會更常用到。線性代數中重要的子空間又有 4 種之多。舉例來説，如果把矩陣看作列向量的集合，對列向量進行線性組合獲得的子空間叫作列空間。

下面看一些實例。

例 1. 矩陣 $\begin{pmatrix} 0 \\ 0 \end{pmatrix}$ 組成的子空間是什麼？

根據子空間的概念，這個矩陣只有一個列向量 $\boldsymbol{x}=\begin{pmatrix}0\\0\end{pmatrix}$，它的所有可能的線性組合都是 $\boldsymbol{ax}$，不管怎麼組合獲得的結果還是 $\begin{pmatrix}0\\0\end{pmatrix}$，所以它的子空間就是一個點。

再看個實例。

例 2. 矩陣 $\begin{pmatrix}0\\1\end{pmatrix}$ 組成的子空間是什麼？

相同的想法，向量 $\boldsymbol{x}=\begin{pmatrix}0\\1\end{pmatrix}$ 的所有可能線性組合就是 $\boldsymbol{ax}$，所以從幾何意義上講，它的子空間就是一條直線。

看最後一個實例。

例 3. 矩陣 $\begin{pmatrix}0 & 0\\0 & 1\\1 & 0\end{pmatrix}$ 組成的子空間是什麼？

這個矩陣有兩個列向量 $\boldsymbol{x}_1=\begin{pmatrix}0\\0\\1\end{pmatrix}$，$\boldsymbol{x}_2=\begin{pmatrix}0\\1\\0\end{pmatrix}$，按照子空間的定義，所有線性組合就是 $\boldsymbol{ax}_1+\boldsymbol{bx}_2$，從幾何意義上講，它組成的子空間就是一個平面。

6.2 子空間有什麼用

子空間可以幫助我們了解方程組的解。例如下面這個方程組：

$$\begin{cases}2x-y=1\\x+y=5\end{cases}$$

方程組的解是：

$$\begin{cases} x=2 \\ y=3 \end{cases}$$

讀者可以這樣理解方程組的含義：

$$\begin{pmatrix} 2 \\ 1 \end{pmatrix} x + \begin{pmatrix} -1 \\ 1 \end{pmatrix} y = \begin{pmatrix} 1 \\ 5 \end{pmatrix}$$

從幾何意義來看，方程組表示的就是透過兩個向量的線性組合獲得第三個向量。而方程組的解就是兩個向量的組合係數，如圖 6-1 所示。

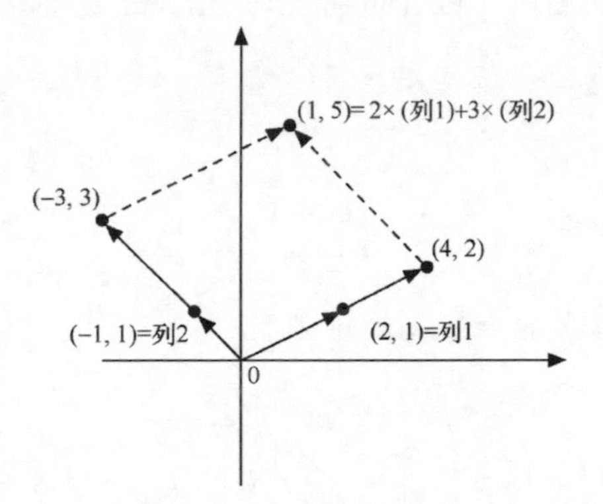

圖 6-1 方程組的幾何意義（1）

類似的想法也可以用於三元方程組：

$$\begin{cases} 2x_1 + x_2 + x_3 = 5 \\ 4x_1 - 6x_2 = -2 \\ -2x_1 + 7x_2 + 2x_3 = 9 \end{cases}$$

這個方程組可以看成：

$$\begin{pmatrix} 2 \\ 4 \\ -2 \end{pmatrix} x_1 + \begin{pmatrix} 1 \\ -6 \\ 7 \end{pmatrix} x_2 + \begin{pmatrix} 1 \\ 0 \\ 2 \end{pmatrix} x_3 = \begin{pmatrix} 5 \\ -2 \\ 9 \end{pmatrix}$$

於是方程組的幾何含義就變成了 3 個向量如何線性組合才能獲得第 4 個向量的問題。這時的 x_1、x_2、x_3 就是對 3 個向量的縮放倍數了，如圖 6-2 所示。

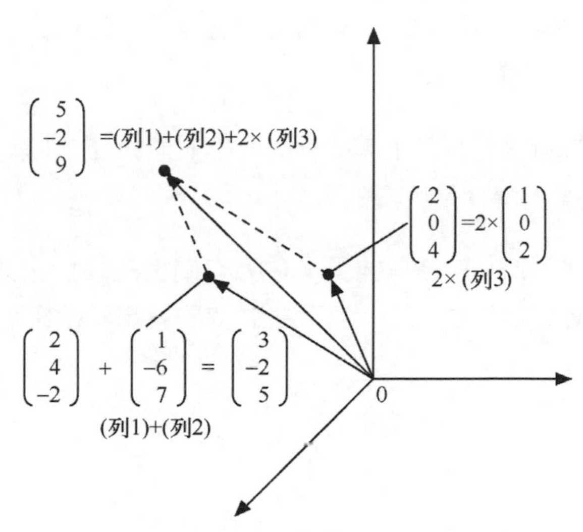

圖 6-2 方程組的幾何意義（2）

三元一次方程組可以這麼了解，N 元方程組也可以如此類推：N 維空間中的 N 個向量線性組合以獲得結果向量。

對於那些無解的方程組，其幾何意義如圖 6-3 所示。矩陣 $\boldsymbol{X}$ 的列空間是一個平面，向量 $\boldsymbol{y}$ 並不在這個平面上，而是在平面之外，所以找不到解析解。

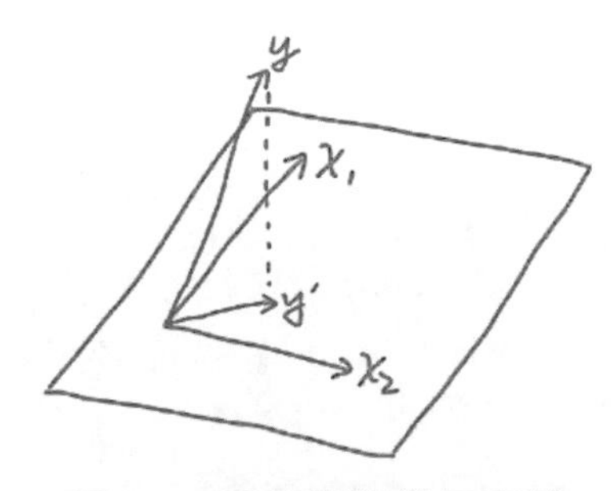

圖 6-3 最佳解的幾何意義

6.3 所謂最佳解指什麼

既然找不到解析解，那不妨退而求其次找個差不多的最佳解。但這個最佳解的幾何意義是什麼呢？

其實是在矩陣 $\boldsymbol{x}$ 的列空間上尋找一個和 $\boldsymbol{y}$ 最近的向量 $\boldsymbol{y'}$，然後求解 $\boldsymbol{Xa=y'}$，這時獲得的解就是所謂的最佳解。

而這個最近的向量 $\boldsymbol{y'}$，其實是向量 $\boldsymbol{y}$ 在列空間上的投影，如圖 6-3 所示。在二維空間上我們還能畫出來，到了高維空間就畫不出來了，所以就需要讀者的想像力了。

矩陣和矩陣運算

在 Python 中可以使用 NumPy 進行各種矩陣的運算。對於一些特殊的矩陣運算，可以借助 numpy.linalg 中的功能完成。

7.1 認識矩陣

矩陣就是個 n 行 m 列的二維資料表格。如果行數和列數相等，即 $n=m$，這樣的矩陣就是方陣，否則就是非方陣。一個 n 行 n 列的方陣習慣上被叫作 n 階方陣。

從形態上講，矩陣可以分為方陣和非方陣兩大類，方陣又有一些特殊形態，重要的包含對角矩陣、單位矩陣、對稱矩陣。

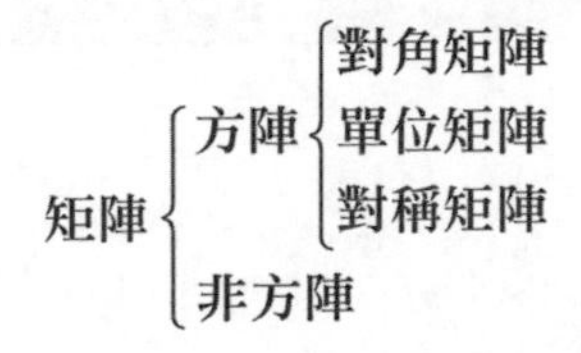

就像正方形會有對角線一樣，方陣也有條對角線。舉例來說，下面這條從左上到右下的由★元素組成的線就是方陣的對角線。

$$\begin{pmatrix} \bigstar & * & * & * \\ * & \bigstar & * & * \\ * & * & \bigstar & * \\ * & * & * & \bigstar \end{pmatrix}$$

下面透過範例程式來示範建立矩陣的方法。

7.2 建立矩陣

NumPy 中有兩種資料結構都可以用於矩陣：ndarray 和 matrix。ndarray 是個廣義的陣列，既可以表示向量，也可以表示矩陣，甚至可以表示更高維度的張量。matrix 是專門針對矩陣的資料結構，是個二維陣列。雖然兩種資料結構都能支援矩陣運算，不過在細節上會有些差異。下面的程式統一用 matrix 來示範。

7.2.1 程式範例：如何建立矩陣

建立矩陣有多種方法，這裡示範兩種常見的做法。

【方法 1】讀者可以直接用 mat 方法建立矩陣，把一個二維陣列物件直接傳給它即可。

用 mat 方法建立矩陣

```
1.  import numpy as np
2.  np.mat(np.random.rand(4,4))
3.  # 你會獲得下面這樣一個矩陣
```

```
4.  matrix([[0.92322816, 0.84069793, 0.17714409, 0.41597772],
            [0.31212451, 0.82281697, 0.1414489 , 0.26475898],
            [0.24446941, 0.7538116 , 0.19547214, 0.02906814],
            [0.93648795, 0.95891558, 0.85195849, 0.96519837]])
```

程式解讀：

- 第 2 行程式中的 np.random.rand(4,4) 建立了一個 4 行 4 列的 array 物件，並用亂數方式為每個元素設定值；
- 把這個 array 物件交給 mat 方法，就獲得了一個矩陣物件；
- 第 4 行輸出中的 matrix() 字樣提示我們獲得的是個 matrix 物件。

【方法 2】讀者也可以用一個 MATLAB 風格的字串來建立 matrix 物件。MATLAB 風格的字串就是一個以空格分隔列、以分號分隔行的字串。

用 MATLAB 風格的字串建立矩陣物件

```
1.  np.mat('1 2 3; 4 5 6; 7 8 9')
2.  # 你會獲得下面這個矩陣
3.  matrix([[1, 2, 3],
            [4, 5, 6],
            [7, 8, 9]])
```

7.2.2 程式範例：如何建立對角矩陣

如果一個方陣對角線之外的元素都是 0，那這樣的方陣就是對角矩陣。一個對角矩陣通常可以這麼表示：

$$\begin{pmatrix} a_{11} & 0 & 0 & 0 \\ 0 & a_{22} & 0 & 0 \\ 0 & 0 & a_{33} & 0 \\ 0 & 0 & 0 & a_{44} \end{pmatrix}$$

在 NumPy 中，建立對角矩陣的方法是 diag。

建立對角矩陣

```
1. #diag 的參數就是對角線元素的值
2. np.diag([1,2,3,5])
3. # 你會獲得下面這個陣列物件
4. array([[1, 0, 0, 0],
          [0, 2, 0, 0],
          [0, 0, 3, 0],
          [0, 0, 0, 5]])
```

由於對角矩陣只有對角線上的元素非 0，所以建立這樣的矩陣只需要提供對角線上的元素就可以了。

程式解讀：

- diag 的參數就是對角線元素的清單；
- diag 獲得的是一個陣列物件；
- 除了一些細微差異外，二維陣列物件基本上等於矩陣；
- 可以像第一個實例那樣把陣列傳給 np.mat 方法，獲得一個純粹的矩陣物件。

7.2.3 程式範例：如何建立單位矩陣

對角線元素全是 1 的對角矩陣就是單位矩陣，通常用字母 ***I*** 表示單位矩陣。

$$\boldsymbol{I} = \begin{pmatrix} 1 & 0 & 0 & 0 \\ 0 & 1 & 0 & 0 \\ 0 & 0 & 1 & 0 \\ 0 & 0 & 0 & 1 \end{pmatrix}$$

在 NumPy 中建立單位矩陣的方法是 eye。

建立單位矩陣

```
1.  np.eye(4)
2.  # 你會獲得下面的結果
3.  array([[1., 0., 0., 0.],
           [0., 1., 0., 0.],
           [0., 0., 1., 0.],
           [0., 0., 0., 1.]])
```

程式解讀：

- 方法 eye 的參數是這個方陣的維數；
- 方法 eye 傳回的也是一個陣列物件；
- 可以像第一個實例那樣把陣列傳給 np.mat 方法，獲得一個純粹的矩陣。

7.2.4 程式範例：如何建立對稱矩陣

如果一個方陣中的元素滿足 $a_{ij}=a_{ji}$，這個方陣就稱為對稱矩陣。對稱矩陣的特點是 $\boldsymbol{A}=\boldsymbol{A}^{\mathrm{T}}$。

對稱矩陣是非常重要的一種方陣，在資料科學中你會經常和對稱矩陣進行處理。例如之前講過的使用者相似度矩陣就是一個對稱矩陣。

NumPy 沒有提供建立對稱矩陣的方法。不過因為 $\boldsymbol{A}\boldsymbol{A}^{\mathrm{T}}$ 一定是個對稱矩陣，那麼可以用這種想法去建立一個對稱矩陣。

建立對稱矩陣

```
1.  A = np.mat('1 2 3; 4 5 6; 7 8 9')
2.  A * A.T
3.  # 我們會獲得下面這個對稱矩陣
4.  matrix([[ 14,  32,  50],
```

```
        [ 32,  77, 122],
        [ 50, 122, 194]])
```

程式解讀：

- T 就是對矩陣轉置；
- 由於 A 和 A.T 都是 matrix 物件，所以 A * A.T 的結果也是 matrix 物件；
- NumPy 對 matrix 多載了乘法運算子，所以兩個 matrix 物件可以直接相乘，計算結果就是矩陣乘法的結果。如果是兩個 array 物件就不能直接相乘了。

7.3 矩陣運算

矩陣運算包含加、減、數乘等正常操作，還包含矩陣特有的矩陣乘法、求反矩陣等運算。

7.3.1 程式範例：矩陣加法和數乘

矩陣的加法和數乘運算是向量對應運算的延伸：

- 兩個矩陣的加法就是把其對應元素相加；
- 數字乘以矩陣就是把矩陣中的每個元素和這個數字相乘。

矩陣的加法和數乘運算

```
1.  A = np.mat('1 2 3; 4 5 6; 7 8 9')
2.  B = np.mat('1 2 3; 4 5 6; 7 8 9')
3.  # 兩個矩陣直接相加
4.  A+B
5.  # 獲得以下結果
```

```
6.  matrix([[ 2,  4,  6],
7.          [ 8, 10, 12],
8.          [14, 16, 18]])
9.
10. #矩陣和數字相乘
11. A * 3
12. #獲得以下結果
13. matrix([[ 3,  6,  9],
14.          [12, 15, 18],
             [21, 24, 27]])
```

7.3.2 程式範例：矩陣乘法

兩個矩陣相乘的運算規則如圖 7-1 所示。

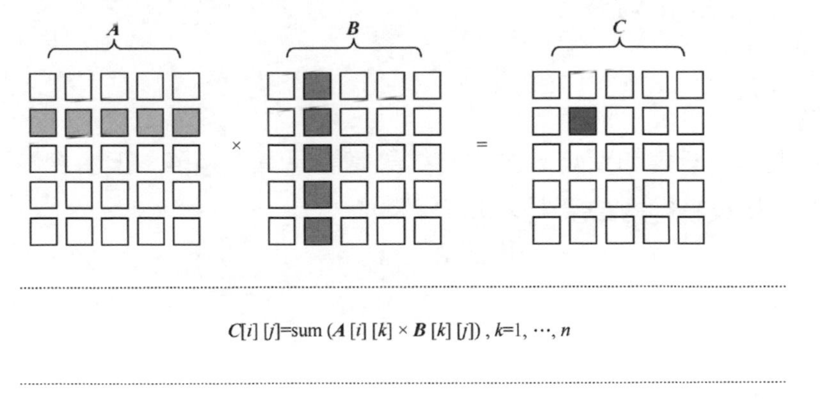

圖 7-1 矩陣乘法運算法則

NumPy 多載了矩陣的乘法運算子，所以兩個矩陣物件可以使用乘號直接運算。

矩陣乘法運算

```
1.  A = np.mat('1 2 3; 4 5 6; 7 8 9')
2.  B = np.mat('1 2 3; 4 5 6; 7 8 9')
```

```
3.  A * B
4.  # 你會獲得以下結果
5.  matrix([[ 30,  36,  42],
            [ 66,  81,  96],
            [102, 126, 150]])
```

7.3.3 程式範例：求反矩陣

反矩陣又稱逆矩陣，對於一個 n 階方陣 $\boldsymbol{A}$，如果存在 n 階方陣 $\boldsymbol{B}$，使得 $\boldsymbol{AB}=\boldsymbol{BA}=\boldsymbol{I}$，就說方陣 $\boldsymbol{A}$ 可逆，它的反矩陣是 $\boldsymbol{B}$，記作 $\boldsymbol{A}^{-1}=\boldsymbol{B}$。

NumPy 的 matrix 類別提供了幾個快速的操作方法，其中 .I 就是求逆。

矩陣求逆運算

```
1.  A = np.mat(np.random.rand(3,3))
2.  # 求矩陣 A 的逆
3.  B = A.I
```

從定義上看，矩陣和反矩陣的乘積結果應該是單位矩陣。但由於電腦的精度問題，最後獲得的結果未必如此。例如：

```
1.  # 驗證 AB=I
2.  A * B
3.
4.  matrix([[ 1.00000000e+00,  1.04664981e-16, -8.38586006e-16],
            [ 5.14915808e-16,  1.00000000e+00,  1.45770751e-16],
            [ 6.82615213e-17, -1.88968999e-16,  1.00000000e+00]])
```

可見，這裡獲得的對角線元素都是 1，而非對角線元素是非常接近 0 的數字。這就是電腦的精度問題。

本章介紹了矩陣的一些最基本的運算，更重要的矩陣分解會在後面介紹。

解方程組和最小平方解

到目前為止，本書還沒有正式地介紹如何求解方程組。既然工程中遇到的方程組都是沒有解析解的，而且我們已經接受了這個現實，那只要能找到一個盡可能不錯的解就可以了。

下面透過實際的程式來看如何在 Python 中解方程組。我們先看一個有解析解的方程組，再看一個沒有解析解的方程組。

8.1 程式實戰：解線性方程組

NumPy 中有個 linalg 子模組，linalg 子模組提供了 solve 方法來解方程組。例如下面這個方程組：

$$\begin{cases} x-2y+z=0 \\ 2y-8z=8 \\ -4x+5y+9z=-9 \end{cases}$$

可以這麼解：

用 solve 方法解方程組

```
1.  import numpy as np
2.  # 把方程組左邊的係數用矩陣表示
3.  A = np.mat("1 -2 1;0 2 -8;-4 5 9")
4.
5.  # 把方程組右邊的結果用向量表示
6.  b = np.array([0, 8, -9])
7.  # 直接呼叫 linalg 中的 solve 函數求解
8.  x = np.linalg.solve(A, b)
9.  print "Solution", x
```

列出的答案是：

```
Solution [29. 16.  3.]
```

可以驗證一下：

```
np.dot(A,x)

matrix([[ 0.,  8., -9.]])
```

可見，用 solve 方法的確找到了方程組的解。

8.2 程式實戰：用最小平方法解方程組

再來看下面這個方程組。這個精心設計的方程組其實是沒有解析解的，讀者不妨試著動手解一下。

$$\begin{cases} x-2y+z=0 \\ 2y-z=8 \\ -4x+5y-2.5z=-9 \end{cases}$$

如果還是用上面的 solve 方法求解，看看會是什麼結果。

用 solve 方法解方程組

```
1. A = np.mat("1 -2 1;0 2 -1;-4 5 -2.5")
2. b = np.array([0, 8, -9])
3. x = np.linalg.solve(A, b)
4. print "Solution", x
```

在執行到第 3 行程式時，Python 會拋出一堆錯誤，如圖 8-1 所示。

```
---------------------------------------------------------------------------
LinAlgError                               Traceback (most recent call last)
<ipython-input-6-8e4d2f50d2b3> in <module>()
----> 1 x = np.linalg.solve(A, b)
      2 print "Solution", x

d:\Anaconda2\lib\site-packages\numpy\linalg\linalg.pyc in solve(a, b)
    388     signature = 'DD->D' if isComplexType(t) else 'dd->d'
    389     extobj = get_linalg_error_extobj(_raise_linalgerror_singular)
--> 390     r = gufunc(a, b, signature=signature, extobj=extobj)
    391
    392     return wrap(r.astype(result_t, copy=False))

d:\Anaconda2\lib\site-packages\numpy\linalg\linalg.pyc in _raise_linalgerror_singul
     87
     88 def _raise_linalgerror_singular(err, flag):
---> 89     raise LinAlgError("Singular matrix")
     90
     91 def _raise_linalgerror_nonposdef(err, flag):

LinAlgError: Singular matrix
```

圖 8-1 錯誤訊息

最核心的就是最後這句話：

```
LinAlgError: Singular matrix
```

這個錯誤是說，係數矩陣 A 是個奇異矩陣，是不可求逆的矩陣。其實這裡也提示了 NumPy 的 solve 是怎麼工作的。

既然不能找到解析解，那該如何去找最佳解呢？讀者可以試試下面的程式。

求最小平方解

```
1.  # 求偽逆，求解
2.  pi_a = np.linalg.pinv(A)
3.  x=np.dot(pi_a,b)
4.  print x
```

這次沒有發生錯誤，並獲得以下結果。

```
matrix([[ 7.14285714,  3.10649351, -1.55324675]])
```

這就是所謂的最佳解，讀者不妨驗證一下。

```
np.dot(A,x.T)

# 獲得結果
matrix([[-0.62337662],
        [ 7.76623377],
        [-9.15584416]])
```

所以，所謂的最佳解，其實是下面這個變形後的方程組的解析解。這個解也叫作最小平方解。

$$\begin{cases} x-2y+z=0 \\ 2y-z=8 \\ -4x+5y-2.5z=-9 \end{cases} \Rightarrow \begin{cases} x-2y+z=-0.623\,376\,62 \\ 2y-z=7.766\,233\,77 \\ -4x+5y-2.5z=-9.155\,844\,16 \end{cases}$$

8.3 專家解讀：最小平方解

在解釋最小平方解之前，需要先解釋一個概念，它也是機器學習中最重要的概念——損失函數。

8.3.1 損失函數

符號說明

本書前面一直用類似 $ax+b=y$ 的方式表示方程式，其中 x 未知，這是數學的表示法。在機器學習領域，會用 $\theta x+b=y$ 的方式表示方程式，其中 x, y 已知，θ 代表未知的係數。僅是符號的變化，請讀者適應，因為接下來將用機器學習的標記法。

既然想找到未知量 θ 的最佳解，就需要先對什麼樣的解才是最佳的解作出定義。在機器學習領域，人們是用損失函數來定義最佳解的——能夠使損失函數的值最小的解就是最佳的解。

針對不同的問題，人們設計了不同的損失函數。線性回歸問題的損失函數定義如下：

$$J(\boldsymbol{\theta}) = \frac{1}{2n}\sum_{i=1}^{n}[h_\theta(\boldsymbol{x}^{(i)}) - y^{(i)}]^2$$

函數說明

$J(\boldsymbol{\theta})$ 是巢狀結構函數，其中的 $h_\theta(x)=\boldsymbol{\theta}^\mathrm{T}\boldsymbol{x}$，因為 $\boldsymbol{x}$、y 都已知，所以函數 $J(\boldsymbol{\theta})$ 是關於 $\boldsymbol{\theta}$ 的函數。前面多出 1/2 僅是為了求導時的方便。

線性回歸的損失函數含義如下：對每個樣本 $x^{(i)}$，模型的預測結果為 $h_\theta(x^{(i)})$，其真實結果是 $y^{(i)}$，預測結果和真實結果之間會有差異，所有樣本的差異的平方和的平均值就是模型的損失，也叫作均方誤差損失函數。

如果把這個式子展開，讀者會發現這個損失函數其實是關於 θ 的二次函數，如果畫出來就是如圖 8-2 所示的類似碗狀的曲線。

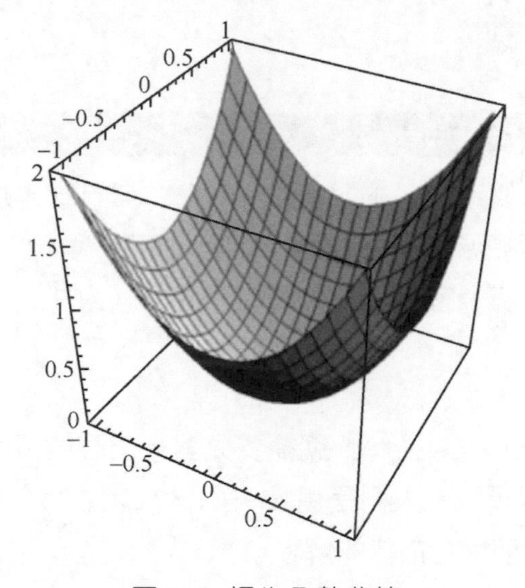

圖 8-2 損失函數曲線

仔細觀察圖 8-2 中的函數曲線，這個函數一定有並且只有一個最低點，或說這個函數一定有最小值，而且是全域最小值。把最小值那一點對應的 θ 作為最佳解，而這個解就是最小平方解。

所以原始的解方程組的問題就變成了一個找二次函數最小值、找二次曲線最低點的問題了。根據高等數學的內容，對於這種問題，可以求函數關於 $\boldsymbol{\theta}$ 的一階導數，然後令一階導數為 0 就獲得 $\boldsymbol{\theta}$ 的解，即：

$$\frac{\partial}{\partial \boldsymbol{\theta}} J(\boldsymbol{\theta}) = 0$$

8.3.2 最小平方解

把上面的最小平方法重新用線性代數的語言進行描述，首先方程組可以這麼描述：

$$\boldsymbol{X\theta} = \boldsymbol{y}$$

損失函數的值可以表示為向量的二範數的平方：

$$J(\boldsymbol{\theta}) = \|\boldsymbol{y} - \boldsymbol{X\theta}\|_2^2$$

於是最小平方解對應的最佳化形式就是：

$$\boldsymbol{\theta} = \arg\min J(\boldsymbol{\theta})$$

下面是求解過程，先把損失函數式子展開：

$$\begin{aligned}\|\boldsymbol{y} - \boldsymbol{X\theta}\|_2^2 &= (\boldsymbol{y} - \boldsymbol{X\theta})^{\mathrm{T}}(\boldsymbol{y} - \boldsymbol{X\theta}) \\ &= (\boldsymbol{y}^{\mathrm{T}} - \boldsymbol{\theta}^{\mathrm{T}}\boldsymbol{X}^{\mathrm{T}})(\boldsymbol{y} - \boldsymbol{X\theta}) \\ &= \boldsymbol{y}^{\mathrm{T}}\boldsymbol{y} - \boldsymbol{y}^{\mathrm{T}}\boldsymbol{X\theta} - \boldsymbol{\theta}^{\mathrm{T}}\boldsymbol{X}^{\mathrm{T}}\boldsymbol{y} + \boldsymbol{\theta}^{\mathrm{T}}\boldsymbol{X}^{\mathrm{T}}\boldsymbol{X\theta}\end{aligned}$$

獲得這個式子後，對 θ 求導：

$$\frac{\partial}{\partial\boldsymbol{\theta}}J(\boldsymbol{\theta}) = 2\boldsymbol{X}^{\mathrm{T}}\boldsymbol{X\theta} - 2\boldsymbol{X}^{\mathrm{T}}\boldsymbol{y}$$

讓它為 0，就可以獲得：

$$\boldsymbol{\theta} = (\boldsymbol{X}^{\mathrm{T}}\boldsymbol{X})^{-1}\boldsymbol{X}^{\mathrm{T}}\boldsymbol{y}$$

至此，就把所謂的最佳解用純線性代數的方式解出來了。這個解也叫作最小平方解。另外，$(\boldsymbol{X}^{\mathrm{T}}\boldsymbol{X})^{-1}\boldsymbol{X}^{\mathrm{T}}$ 通常稱為矩陣 $\boldsymbol{X}$ 的偽逆或廣義逆。

這個解中，$\boldsymbol{X}^{\mathrm{T}}\boldsymbol{X}$ 是矩陣乘法運算，計算量不大，真正計算量在求逆上。如果樣本不是很大，其實完全有可能用這種方法找到所謂的最佳解。

但即使這種方法也不能保障一定有解，因為中間有一個方陣求逆的過程。如果 $\boldsymbol{X}^{\mathrm{T}}\boldsymbol{X}$ 不可逆，那麼仍然得不到所謂的最佳解。

這時，應該怎麼辦呢？

帶有正規項的最小平方解

在前面幾章中，我們把一個工程問題轉換成了解方程組的數學問題。但由於方程組沒有解析解，所以退而求其次地找一個最佳解。我們定義了一個損失函數，能讓損失函數值最小的解就是要找的最佳解。最後找到了一個所謂的最小平方解。

$$\boldsymbol{\theta} = (\boldsymbol{X}^{\mathrm{T}}\boldsymbol{X})^{-1}\boldsymbol{X}^{\mathrm{T}}\boldsymbol{y}$$

這就是到目前為止我們所做的努力，一切看起來順理成章，但問題解決了嗎？即使降低對解的要求，就一定能找到數值解嗎？這個問題相等於 $\boldsymbol{X}^{\mathrm{T}}\boldsymbol{X}$ 一定可逆嗎？即使可逆，找到的解真的合理嗎？能推廣嗎？

這一章就來回答這些問題。

首先，$\boldsymbol{X}^{\mathrm{T}}\boldsymbol{X}$ 一定可逆嗎？不一定。尤其當資料集中特徵的數量比樣本的數量還多的時候，即 $\boldsymbol{X}\in\boldsymbol{R}^{n\times m}$，$m\gg n$ 的時候。這時 $\boldsymbol{X}^{\mathrm{T}}\boldsymbol{X}$ 獲得的方陣是 $m\times m$ 維的，這個方陣一定不可逆。

可以用下面的程式來檢查一個矩陣是否可逆。

檢查矩陣是否可逆

```
1. if linalg.det(X^TX) == 0.0:
2. #X 不是滿秩矩陣
3. print u'矩陣不可逆'
```

即使方陣可逆，它也可能是個病態矩陣，這種矩陣獲得的解非常不穩定。如果遇到這種情況該怎麼辦呢？

接下來透過實例感受一下。

9.1 程式實戰：多項式回歸

現在有一份由 X、Y 兩個變數組成的資料集，用散點圖畫出來如圖 9-1 所示。

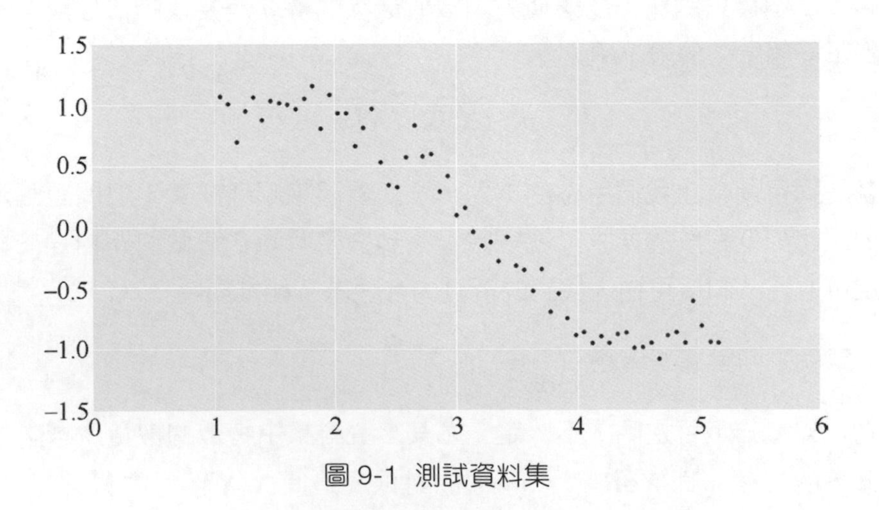

圖 9-1 測試資料集

為了獲得更好的擬合效果，下面會嘗試用多項式回歸對它進行擬合，首先要產生多項式特徵。

產生多項式特徵

```
1.  for i in range(2,11):
2.      data[colname] = data['x']**i
3.  data.head()
```

加上這些新的特徵後，資料就變成圖 9-2 所示的樣式。

	x	y	x_2	x_3	x_4	x_5	x_6	x_7	x_8	x_9	x_10	x_11	x_12	x_13	x_14	x_15
0	1	1.1	1.1	1.1	1.2	1.3	1.3	1.4	1.4	1.5	1.6	1.7	1.7	1.8	1.9	2
1	1.1	1	1.2	1.4	1.6	1.7	1.9	2.2	2.4	2.7	3	3.4	3.8	4.2	4.7	5.3
2	1.2	0.7	1.4	1.7	2	2.4	2.8	3.3	3.9	4.7	5.5	6.6	7.8	9.3	11	13
3	1.3	0.95	1.6	2	2.5	3.1	3.9	4.9	6.2	7.8	9.8	12	16	19	24	31
4	1.3	1.1	1.8	2.3	3.1	4.1	5.4	7.2	9.6	13	17	22	30	39	52	69

圖 9-2 加入多項式特徵後的資料

接下來直接使用線性回歸，先用一個標準的線性回歸：

線性回歸

```
1.  from sklearn.linear_model import LinearRegression
2.  linreg = LinearRegression(normalize=True)
3.  #用資料訓練模型
4.  linreg.fit(data[predictors],data['y'])
5.  #獲得預測結果
6.  y_pred = linreg.predict(data[predictors])
7.  #計算損失函數值
8.  rss = sum((y_pred-data['y'])**2)
```

把不同多項式回歸的擬合效果畫出來，圖 9-3 顯示的分別是 1、3、6、9、12、15 階多項式回歸的擬合效果。

另外，計算每次回歸的損失函數值 RSS，並將其作為模型的評估指標，可以看到模型越複雜，擬合效果越好（RSS 越小），這一點也符合我們的預期。當然，模型越複雜就越容易過擬合。關於過擬合的問題可以先放在一邊，當下要關注的是模型的參數值。

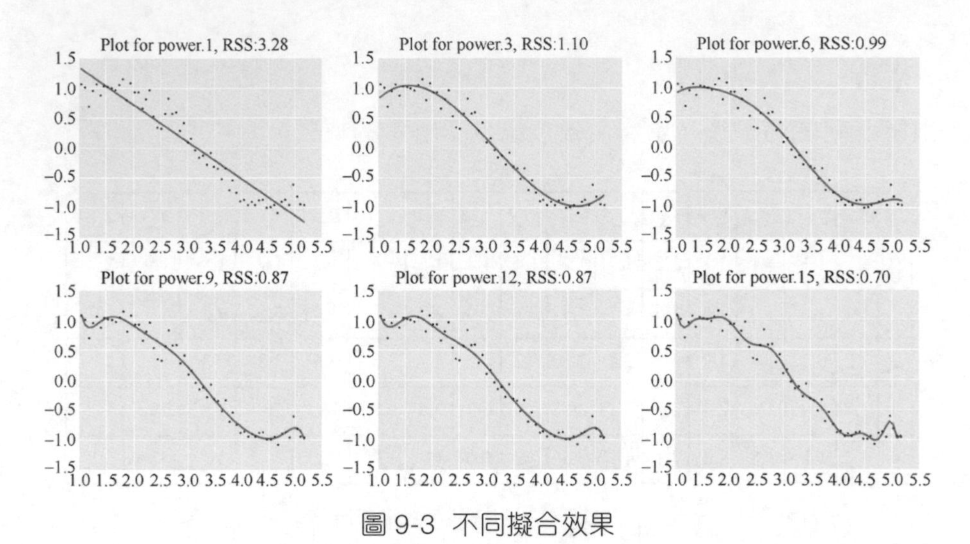

圖 9-3 不同擬合效果

	rss	intercept	coef_x_1	coef_x_2	coef_x_3	coef_x_4	coef_x_5	coef_x_6	coef_x_7	coef_x_8
model_pow_1	3.3	2	−0.62	NaN	NaN	NaN	NaN	NaN	NaN	NaN
model_pow_2	3.3	1.9	−0.58	−0.006	NaN	NaN	NaN	NaN	NaN	NaN
model_pow_3	1.1	−1.1	3	−1.3	0.14	NaN	NaN	NaN	NaN	NaN
model_pow_4	1.1	−0.27	1.7	−0.53	−0.036	0.014	NaN	NaN	NaN	NaN
model_pow_5	1	3	−5.1	4.7	−1.9	0.33	−0.021	NaN	NaN	NaN
model_pow_6	0.99	−2.8	9.5	−9.7	5.2	−1.6	0.23	−0.014	NaN	NaN
model_pow_7	0.93	19	−56	69	−45	17	−3.5	0.4	−0.019	NaN
model_pow_8	0.92	43	−1.4e+02	1.8e+02	−1.3e+02	58	−15	2.4	−0.21	0.0077
model_pow_9	0.89	1.7e+02	−6.1e+02	9.6e+02	−8.5e+02	4.6e+02	−1.6e+02	37	−5.2	0.42
model_pow_10	0.87	1.4e+02	−4.9e+02	7.3e+02	−6e+02	2.9e+02	−87	15	−0.81	−0.14
model_pow_11	0.87	−75	5.1e+02	−1.3e+03	1.9e+03	−1.6e+03	9.1e+02	−3.5e+02	91	−16
model_pow_12	0.87	−3.4e+02	−1.9e+03	−4.4e+03	6e+03	−5.2e+03	3.1e+03	−1.3e+03	3.8e+02	−80
model_pow_13	0.86	3.2e+03	−1.8e+04	4.5e+04	−6.7e+04	6.6e+04	−4.6e+04	2.3e+04	−8.5e+03	2.3e+03
model_pow_14	0.79	2.4e+04	−1.4e+05	3.8e+05	−6.1e+05	6.6e+05	−5e+05	2.8e+05	−1.2e+05	3.7e+04
model_pow_15	0.7	−3.6e+04	−2.4e+05	−7.5e+05	1.4e+06	−1.7e+06	1.5e+06	−1e+06	5e+05	−1.9e+05

圖 9-4 擬合係數

圖 9-4 所示的就是不同階次多項式擬合時獲得的回歸係數。從圖 9-4 中，讀者不難發現這樣一個規律：隨著模型複雜度的增加，參數值在以指數級的速度變化。憑直覺感受，有些參數的值太誇張了，一個自然的想法就是對參數值的大小做些約束，於是就有了帶正規項的回歸。

9.2 程式實戰：嶺回歸

嶺回歸是加上 L2 正規項的回歸。它的直觀了解就是所有係數的平方和不要太大。如果把所有係數看作一個向量，係數的平方和就是向量的二範數平方。

接下來，對同樣的資料集使用嶺回歸。嶺回歸有個超參數 α，請讀者觀察當超參數 α 取不同的值時，會發生什麼呢？

嶺回歸

```
1. from sklearn.linear_model import Ridge
2. ridgereg = Ridge(alpha=alpha,normalize=True)
3. ridgereg.fit(data[predictors],data['y'])
4. y_pred = ridgereg.predict(data[predictors])
5.
6. rss = sum((y_pred-data['y'])**2)
7. ret = [rss]
8. ret.extend([ridgereg.intercept_])
9. ret.extend(ridgereg.coef_)
```

圖 9-5 所示是嘗試不同的 α 後獲得的擬合效果。α 值分別是 10^{-15}、10^{-10}、10^{-4}、10^{-3}、10^{-2}、5。

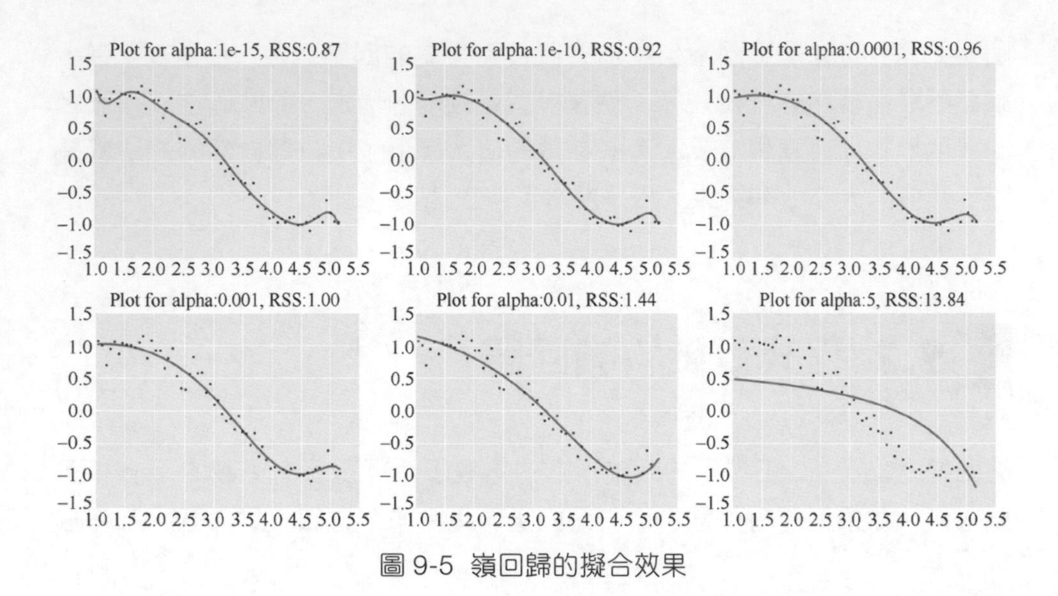

圖 9-5 嶺回歸的擬合效果

隨著 α 的增大，模型的複雜度開始降低，而且 α 越大，模型的損失 RSS 也越變越大，尤其當 α 大於 1 之後，現象更明顯。

注意圖 9-6 中的擬合係數，如果和圖 9-4 中的係數比較，嶺回歸獲得的係數沒有那麼誇張，看起來更合理。

	rss	intercept	coef_x_1	coef_x_2	coef_x_3	coef_x_4	coef_x_5	coef_x_6	coef_x_7	coef_x_8	coef_x_9
alpha_1e−15	0.87	95	−3e+02	3.8e+02	−2.4e+02	67	0.12	−4.6	0.61	0.14	−0.026
alpha_1e−10	0.92	11	−29	31	−15	2.9	0.17	−0.091	−0.011	0.002	0.00064
alpha_1e−08	0.95	1.3	−1.5	−0.13	−0.68	0.039	0.016	0.00016	−0.00036	−5.4e−05	−2.9e−07
alpha_0.0001	0.96	0.56	0.55	−0.087	−0.026	−0.0028	−0.00011	4.1e−05	1.5e−05	3.7e−06	7.4e−07
alpha_0.001	1	0.82	0.31	−0.052	−0.02	−0.0028	−0.00022	1.8e−05	1.2e−05	3.4e−06	7.3e−07
alpha_0.01	1.4	1.3	−0.088	−0.019	−0.01	−0.0014	−0.00013	7.2e−07	4.1e−06	1.3e−06	3e−07
alpha_1	5.6	0.97	−0.14	−0.019	−0.003	−0.00047	−7e−05	−9.9e−06	−1.3e−06	−1.4e−07	−9.3e−09
alpha_5	14	0.55	−0.059	−0.0085	−0.0014	−0.00024	−4.1e−05	−6.9e−06	−1.1e−06	−1.9e−07	−3.1e−08
alpha_10	18	0.4	−0.037	−0.0055	−0.00095	−0.00017	−3e−05	−5.2e−06	−9.2e−07	−1.6e−07	−2.9e−08
alpha_20	23	0.28	−0.022	−0.0034	−0.0006	−0.00011	−3e−05	−3.6e−06	−6.6e−07	−1.2e−07	−2.2e−08

圖 9-6 嶺回歸的損失函數值和擬合係數

最後，儘管當 α=20 時獲得的係數都非常小，但是並不為 0。讀者可以檢查每個回歸模型中係數為 0 的數量，你會發現在嶺回歸中，很難遇到回歸係數是 0 的結果。圖 9-7 所示的就是各個嶺回歸獲得的值為 0 的係數的數量。

```
alpha_1e-15      0
alpha_1e-10      0
alpha_1e-08      0
alpha_0.0001     0
alpha_0.001      0
alpha_0.01       0
alpha_1          0
alpha_5          0
alpha_10         0
alpha_20         0
dtype: int64
```

圖 9-7 嶺回歸的值為 0 的係數的數量

9.3 程式實戰：Lasso 回歸

Lasso 回歸是加上 L1 正規項的回歸。它的直觀了解是所有係數的絕對值之和不要太大。如果把所有係數看作一個向量，就是係數向量的一範數不要太大。

接下來，對於同樣的資料集使用 Lasso 回歸。Lasso 回歸也有個參數 α，這次還是請讀者觀察當參數 α 取不同的值時，會發生什麼。

Lasso 回歸

```
1. from sklearn.linear_model import Lasso
2. 訓練模型
3. lassoreg = Lasso(alpha=alpha,normalize=True, max_iter=1e5)
```

這次的程式和之前的程式是一樣的，選用的 α 值也是和嶺回歸一樣的。下面來看圖 9-8 的擬合效果。

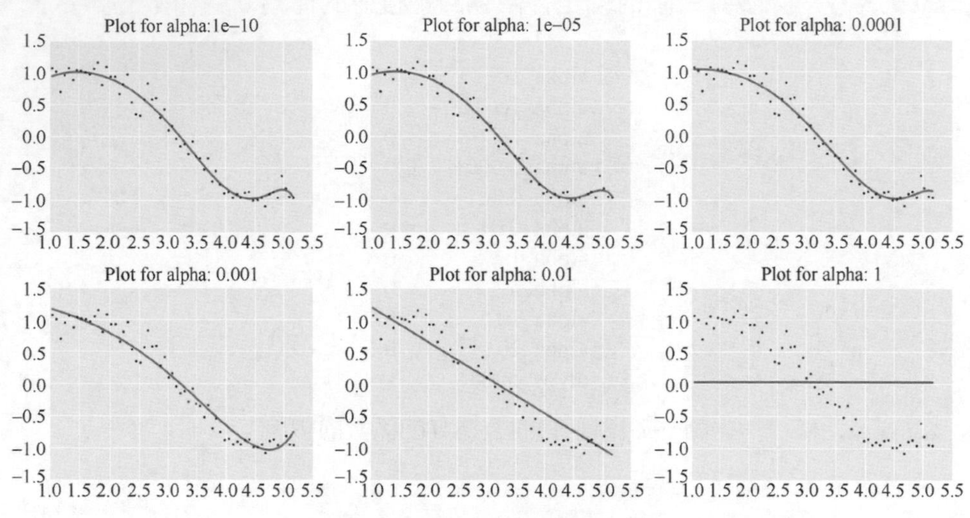

圖 9-8 Lasso 回歸的擬合效果

你會發現，隨著 α 的增大，模型的複雜度開始降低。而且 α 越大，模型的損失 RSS 也越變越大，尤其當 $\alpha=1$ 時，回歸線變成了水平線。

再看看不同的 α 值的 Lasso 回歸獲得的係數，如圖 9-9 所示。

	rss	intercept	coef_x_1	coef_x_2	coef_x_3	coef_x_4	coef_x_5	coef_x_6	coef_x_7	coef_x_8	coef_x_9	coef_x_10
alpha_1e-15	0.96	0.22	1.1	-0.37	0.00089	0.0016	-0.00012	-6.4e-05	-6.3e-06	1.4e-06	7.8e-07	2.1e-07
alpha_1e-10	0.96	0.22	1.1	-0.37	0.00088	0.0016	-0.00012	-6.4e-05	-6.3e-06	1.4e-06	7.8e-07	2.1e-07
alpha_1e-08	0.96	0.22	1.1	-0.37	0.00077	0.0016	-0.00011	-6.4e-05	-6.3e-06	1.4e-06	7.8e-07	2.1e-07
alpha_1e-05	0.96	0.5	0.6	-0.13	-0.038	-0	0	0	0	7.7e-06	1e-06	7.7e-08
alpha_0.0001	1	0.9	0.17	-0	-0.048	-0	-0	0	0	9.5e-06	5.1e-07	0
alpha_0.001	1.7	1.3	-0	-0.13	-0	-0	0	0	0	0	0	0
alpha_0.01	3.6	1.8	-0.55	-0.00056	-0	-0	-0	-0	-0	-0	-0	0
alpha_1	37	0.038	-0	-0	-0	-0	-0	-0	-0	-0	-0	-0
alpha_5	37	0.038	-0	-0	-0	-0	-0	-0	-0	-0	-0	-0
alpha_10	37	0.038	-0	-0	-0	-0	-0	-0	-0	-0	-0	-0

圖 9-9 Lasso 回歸的回歸係數

你會得出這樣的結論：

- 在相同的 α 值下，Lasso 回歸獲得的係數普遍要比嶺回歸獲得的係數小，讀者不妨隨便找出兩行比較一下；
- 在相同的 α 值下，Lasso 回歸的損失值普遍要比嶺回歸的損失大；
- 在 Lasso 回歸中，值為 0 的係數量要比嶺回歸的多——即使在 α 比較小的時候。

前兩點結論不是絕對的，但在大部分場合下適用，第三點才是最主要的區別。舉例來說，最後一個 Lasso 回歸的結果是一條水平線：$y = 0.038$，所有變數的係數都是 0。

讀者可以檢查一下每個 Lasso 模型中值為 0 的係數的數量，如圖 9-10 所示。

```
alpha_1e-15      0
alpha_1e-10      0
alpha_1e-08      0
alpha_1e-05      8
alpha_0.0001     10
alpha_0.001      12
alpha_0.01       13
alpha_1          15
alpha_5          15
alpha_10         15
dtype: int64
```

圖 9-10 Lasso 回歸的值為 0 的係數的數量

即使在 $\alpha = 0.0001$ 的情況下，也有 10 個係數為 0。這種模型中絕大多數係數是 0 的現象就是「稀疏學習」。

矩陣分解的用途

從本章開始，我們要學習線性代數中的精華內容，同時也是工程中廣泛應用的技術──矩陣分解了。

矩陣分解是一個非常龐大的話題，要想徹底精通，需要完全掌握線性代數的知識，這是一種自下而上（bottom-up）的學習方法，所有的教材都是這樣的。作者想嘗試另一種從上往下（top-down）的方式，也就是先看看它能做什麼、該怎麼做，然後再考慮是否有必要深入學習。

矩陣分解的應用場景非常廣泛，先看幾個實例。

10.1 問題 1：消除資料間的資訊容錯

真實的資料總是存在各種各樣的問題，不妨再看看第 5 章案例中小白看過的資料（圖 10-1 比之前的圖 5-1 多了幾列，其實真實資料會更多）。

instant	dteday	temp	atemp	hum	windspeed	holiday	casual	registered	cnt
1	2017-01-01	0.344167	0.363625	0.805833	0.160446	0	331	654	985
2	2017-01-02	0.363478	0.353739	0.696087	0.248539	0	131	670	801
3	2017-01-03	0.196364	0.189405	0.437273	0.248309	0	120	1229	1349
4	2017-01-04	0.200000	0.212122	0.590435	0.160296	0	108	1454	1562
5	2017-01-05	0.226957	0.229270	0.436957	0.186900	0	82	1518	1600

圖 10-1 小白看到的資料節選

觀察一下這個資料集中引數之間的關係，可以借助視覺化工具來觀察。圖 10-2 是變數兩兩之間的散點圖矩陣，對角線上是單一變數的長條圖。

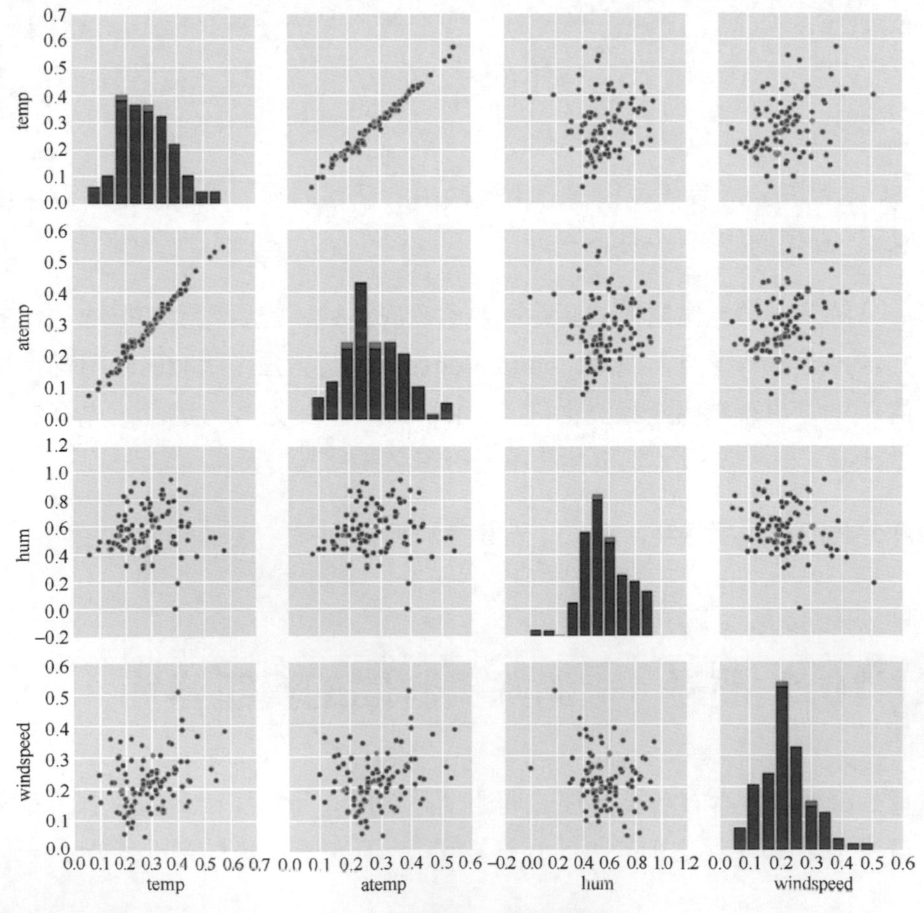

圖 10-2 變數之間的關係

請注意圖 10-3 所示的，這是兩個溫度變數之間的關係，顯然是非常強的線性相關——天熱的時候地表溫度也高。所以這兩個關於氣溫的特徵其實用一個就夠了，另一個是多餘的，應該而且必須要去掉。

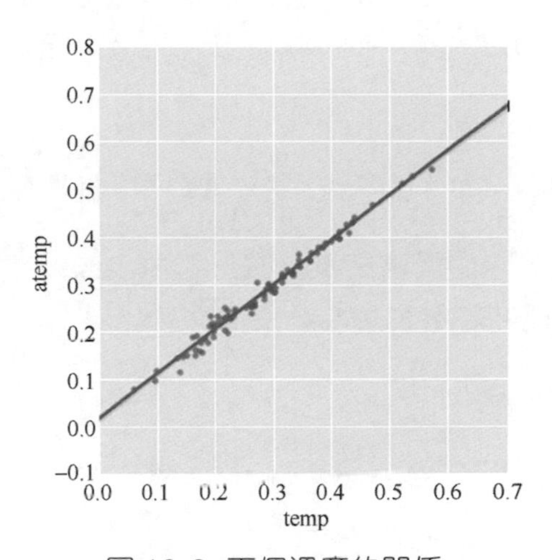

圖 10-3　兩個溫度的關係

再看一下這份資料中的最後 3 列，如圖 10-4 所示。

casual	registered	cnt
331	654	985
131	670	801
120	1229	1349
108	1454	1562
82	1518	1600

圖 10-4　資料的最後 3 列

讀者是否發現三者之間竟然有 casual + registered = cnt 的關係。

其實這是分析資料的同事有意這麼做的，他把商品銷量分為會員和非會員，然後分別統計，最後整理。相信有過「分析資料」經驗的讀者已經露出了會心的微笑，因為我們自己在工作中也會這麼處理。

如果對資料沒有很好的了解，最後一定會做出非常搞笑的預測銷量 = 會員銷量 + 非會員銷量的模型。老闆會非常傷心地認為你腦子有點問題。

這其實是資訊容錯的另一種情況：如果一個特徵可以表示成其他特徵的線性組合，即 $f_i=k_1f_1+k_2f_2+k_3f_3+\cdots$，就可以説特徵之間是線性相關的，也就是有資訊容錯。

一旦出現了線性相關和資訊容錯，就必須要消除相關性，去除資訊的容錯！

還是看第一個實例，兩個溫度特徵重複好了解，去掉一個也能接受。但是為什麼必須要去掉呢？不去掉會有什麼問題？

接下來看一下這個方程組：

$$\begin{cases} x-2y+z = 0 \\ 2y-z = 8 \\ -4x+5y-2.5z=-9 \end{cases}$$

雖然這是一個有 3 個變數、3 個方程式的方程組，但是這個方程組無解。為什麼是這樣呢？注意觀察變數前面的係數：

- 變數 y 前面的係數是 $\begin{pmatrix} -2 \\ 2 \\ 5 \end{pmatrix}$；
- 變數 z 前面的係數是 $\begin{pmatrix} 1 \\ -1 \\ -2.5 \end{pmatrix}$；
- 兩者之間是線性的關係：$\begin{pmatrix} -2 \\ 2 \\ 5 \end{pmatrix} = -2\times\begin{pmatrix} 1 \\ -1 \\ -2.5 \end{pmatrix}$。

這個方程組是無解的，這其實就是剛才遇到的問題——特徵線性相關。

再看第二個實例，假設方程組的係數是這樣的：

$$\begin{pmatrix} 1 & 2 & 3 \\ 2 & 1 & 3 \\ 3 & 5 & 8 \end{pmatrix}$$

這個矩陣中的任何一個列向量都可以由另外兩個列向量組合獲得，例如第三個列向量等於前兩個列向量之和。

$$\begin{pmatrix} 3 \\ 3 \\ 8 \end{pmatrix} = \begin{pmatrix} 1 \\ 2 \\ 3 \end{pmatrix} + \begin{pmatrix} 2 \\ 1 \\ 5 \end{pmatrix}$$

這種關係也叫線性相關，對應的方程組也是無解的。

這兩個實例都屬於一種情況，就是特徵之間是線性相關的，線性相關就表示特徵之間有重複資訊。這時的矩陣也叫作「病態矩陣」，它是無法求解的，或獲得的解極不穩定。

10.2 問題 2：模型複雜度

圖 5-1 和圖 10-1 的資料其實都是精簡過的，現實中經理交給小白的資料其實有好幾百列，特徵非常多。這也是工作中常遇到的情形，因為誰也不知道哪些特徵對問題有用、有用的程度多大，所以通常都是把能想到的資料一股腦兒地全拿過來。

如果特徵多的話，即使是用 $y=ax+b$ 這樣簡單的線性模型，最後獲得的模型也是個有成百上千個的方程式。

這種複雜的模型到底好不好呢？分場景，要看最後這個模型要向誰呈現。

如果最後這個模型是交給電腦，例如用 CTR 來預估這種場景，那模型再複雜也無所謂，反正就是算，電腦閑著也是閑著。所以交給電腦的模型通常都會非常複雜，例如 CTR 預估中可以是上億甚至十億等級的特徵 x 和係數。

但在商業分析場景下，最後這個模型很可能要給決策層做輔助決策支援，這時模型還是簡單點好，如果呈現給老闆的是一個有上百個 x 的模型，老闆會直接「暈倒」的。x 的數量應該越少越好。例如在信用卡模型中，最後變數的數量可能只有 15 ～ 20 個，這時就需要對資料進行降維了。

問題明確了，那麼該怎麼解決呢？一個非常不錯的方法是 PCA 主成分分析。下面一起來看一個實例。

10.3 程式實戰：PCA 降維

人臉識別是人工智慧一個比較熱門的應用，如從支付寶的刷臉支付到滴滴順風車強制司機和乘客刷臉。其他以生物特徵為基礎的身份識別技術也離我們越來越近，例如指紋識別、虹膜識別。

Olivetti 資料集是包含了 40 個人，每人 10 張，共 400 張人臉的灰階圖像資料集。本節將從這個資料集中分析特徵，然後重新還原人臉，最後比較還原後的失真情況。之所以選擇圖片降維，是因為圖片中的容錯資訊最多，用它展現降維的效果最好。

首先載入這份資料。

載入人臉資料集

```
1.  # 在 sklearn 中可以透過下面的方法直接下載這份資料集，當然要聯網
2.  from sklearn.datasets import fetch_olivetti_faces
```

```
3.  faces = fetch_olivetti_faces(data_home='data\\',shuffle=True, random_
    state=rng)
```

這個資料集一共有 400 張圖片，抽出 10 張看看，如圖 10-5 所示。

圖 10-5 任選 10 張圖片

資料集中的每張圖片是 64×64 像素大小，可以看作一個 64×64 的矩陣。如果將其展開成向量的話，一幅人臉灰階圖片就是一個維的向量，於是整個資料集可以看作 400×4096 的矩陣（一共有 400 個樣本，每個樣本 4096 個特徵）。

這個矩陣是個資訊容錯度非常高的矩陣。可以對這個矩陣做 PCA 降維。scikit-learn 已經實現了 PCA，可以直接呼叫。

PCA 資料降維

```
1.  from sklearn.decomposition import PCA
2.  pca = PCA()
3.  pca.fit(faces.data)
```

假設最後只保留 400 個主要特徵，每個主要特徵也是一個 4096 維的向量。

既然每個主要特徵也是個 4096 維的向量，不妨把每個特徵當作一個 64×64 的灰階影像重新畫出來，於是你會看到如圖 10-6 所示的這些讓人不適的人臉圖片！

圖 10-6 特徵臉

我們可以把這些人臉圖片稱為特徵臉（eigenface），「特徵臉」不好看！

找出特徵臉有什麼用呢？可以這麼了解：一張正常的人臉圖片是由這些特徵臉按照一定的方式（線性）疊加獲得的，那實際是怎麼疊加的呢？

不妨拿出一張正常人臉的圖片輸入獲得的模型上，這時會獲得一個 1×400 的向量，這個向量就是這張圖片的降維度資料表示，也就是把原來 4096 個數字壓縮成 400 個數字，壓縮比大約是 10。

對一張圖片進行降維

```
1. # 一張正常人臉圖片的降維度資料表達
2. face = faces.data[0]
3. trans = pca.transform(face.reshape(1, -1))
```

看看降維後的結果。

```
[-8.15798223e-01  4.14403582e+00 -2.48326087e+00 -9.03086782e-01
  8.31359684e-01 -8.86226296e-01 -8.66417170e-01  2.16424847e+00
 -2.50872433e-01  6.02781594e-01 -1.42996275e+00  1.18014145e+00
 -4.54095334e-01  6.90413296e-01 -2.08479786e+00  9.17164207e-01
  1.45403886e+00 -6.59176648e-01 -7.17037976e-01 -6.06196642e-01
  6.71601951e-01 -3.46079439e-01  3.62978220e-01 -6.95377588e-01
  ......
```

獲得的結果是一個 400 維的向量，這個向量描述了這張正常人臉和特徵臉的關係，用特徵臉疊加獲得正常人臉的方式可以用下面的公式表示：

$$Face=\alpha_1 \times eigenface_1+\alpha_2 \times eigenface_2+\cdots+\alpha_{400} \times eigenface_{400}$$

拿到了特徵之後，後續就可以嘗試各種應用了。不妨試著做人臉還原，看看能不能根據上面這個關係還原出原始圖片，並了解一下失真情況。

下面的程式和圖 10-7 展示了人臉的還原過程。

降維後的還原

```
1.  #400 個特徵臉，不斷累加，看看還原效果，還原後還要加上平均臉
2.  for k in range(400):
3.      rank_k_approx = trans[:, :k].dot(pca.components_[:k]) + pca.mean_
```

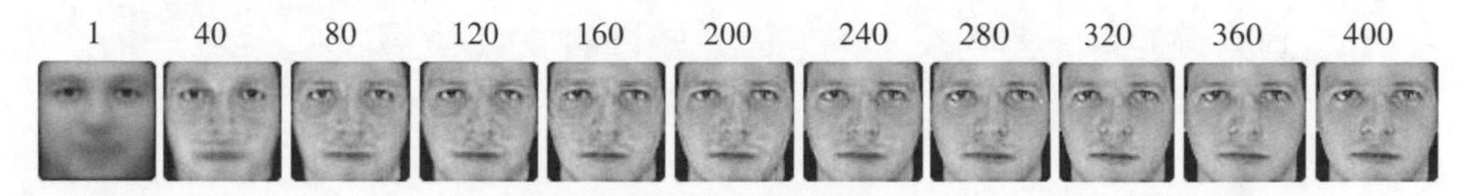

圖 10-7 還原過程

圖 10-7 中的第一張圖片是第一個特徵臉，第二張圖片是用了 40 個特徵臉的線性組合，之後依次是用了 80、120、160、…、360 個特徵臉的線性組合，最後一張圖片用到了全部 400 個特徵臉的線性組合。

你會發現，其實不必把 400 個特徵臉全部用上，只需要 80 ～ 120 個特徵臉，也就是在第 3、4 輪時就已經能夠識別出這個人了。

透過這個實例，我們直觀地體會到了 PCA 在資料降維、消除特徵相關性上的強大。接下來就從原理上了解一下 PCA 背後的數學思維。

10.4 專家解讀

PCA 是應用層面的叫法，它背後依賴的數學原理是線性代數中的矩陣分解。

線性代數相關教學中的矩陣分解方法非常多，例如 LU、LDU 等。在工程中最常用的主要有兩個，一個是對稱方陣的正交分解，還有一個是一般矩陣的 SVD 分解。PCA 依賴的是前者，SVD 是研究生階段的學習內容。

在線性代數中，一個實對稱矩陣能夠做很好的分解——正交分解：

$$\boldsymbol{A}=\boldsymbol{V}\boldsymbol{\Lambda}\boldsymbol{V}^{\mathrm{T}}$$

其中：

- $\boldsymbol{V}$ 是單位正交矩陣，即 $\boldsymbol{V}\boldsymbol{V}^{\mathrm{T}}=\boldsymbol{V}^{\mathrm{T}}\boldsymbol{V}=\boldsymbol{I}, \boldsymbol{V}^{\mathrm{T}}=\boldsymbol{V}^{-1}$；
- $\boldsymbol{\Lambda}$ 是個對角矩陣，對角線上的元素是矩陣 $\boldsymbol{A}$ 的特徵值。

單位正交矩陣 $\boldsymbol{V}$ 有以下幾個特點：

- 它一定是個方陣，行數等於列數；
- 列向量兩兩正交，行向量也兩兩正交。
- 所謂單位是指矩陣的每個列向量、每個行向量的模是 1。

接下來看一個典型的二階單位正交矩陣：

$$\begin{pmatrix} 0 & 1 \\ 1 & 0 \end{pmatrix}$$

另外，一般化的二階單位正交矩陣可以表示成這樣：

$$\begin{pmatrix} \cos(\theta) & -\sin(\theta) \\ \sin(\theta) & \cos(\theta) \end{pmatrix}$$

這是線性代數中的內容，接下來將其對應到 PCA 演算法上。

PCA 演算法流程

輸入：$\boldsymbol{X}\in\mathbf{R}^{m\times n}$

輸出：$\boldsymbol{X}'\in\mathbf{R}^{m\times d}$

（1）資料中心化（每列資料減去該列的平均值）。

（2）計算協方差矩陣：$\boldsymbol{C}=\frac{1}{m-1}\boldsymbol{X}^{\mathrm{T}}\boldsymbol{X}, \boldsymbol{C}\in\mathbf{R}^{m\times n}$。

（3）對協方差矩陣做正交分解。

（4）選擇最大的 d 個特徵值以及對應的特徵向量，組成新的一組基 $\boldsymbol{P}'\in\mathbf{R}^{n\times d}$。

（5）資料降維 $\boldsymbol{X}'=\boldsymbol{X}\boldsymbol{P}', \boldsymbol{X}'\in\mathbf{R}^{m\times d}$。

演算法的步驟（1）、（2）建置了一個統計學上的協方差矩陣。協方差矩陣一定是一個實對稱方陣，後面就完全是正交分解的數學內容了。

PCA 主要做了一件事，就是對協方差重新分配，方差和協方差通常可以看作資料中蘊含的資訊。PCA 透過建置完全獨立的新特徵，把資料中的原有資訊無損地重新分配到新的特徵上，這就是 PCA 能夠消除資料相關性、實現資料無損降維的秘密所在。

對稱方陣雖然可以被完美地正交分解，但實際工作中哪有那麼多對稱矩陣給我們用，更多的時侯要面對的是一般的非方陣。PCA 透過從非方陣建置對稱矩陣的方式，實現了對非方陣的資料降維。把 PCA 的過程再多走一步，就可以獲得 SVD 分解了。

10.5 從 PCA 到 SVD

PCA 的出處是 SVD。SVD 是對一般矩陣做分解的方法：對於矩陣 $\boldsymbol{A} \in \mathbf{R}^{m \times n}$，可以作以下分解。

$$\boldsymbol{A} = \boldsymbol{U\Sigma V}^{\mathrm{T}}$$

- $\boldsymbol{U}$ 是 $m \times m$ 的單位正交矩陣，即 $\boldsymbol{U}^{\mathrm{T}}\boldsymbol{U} = \boldsymbol{U}\boldsymbol{U}^{\mathrm{T}} = \boldsymbol{I}, \boldsymbol{U}^{\mathrm{T}} = \boldsymbol{U}^{-1}$，習慣上將其叫作左奇異矩陣，$\boldsymbol{U}$ 中的列向量叫作左奇異向量。
- $\boldsymbol{V}$ 是 $n \times n$ 的單位正交矩陣，即 $\boldsymbol{V}^{\mathrm{T}}\boldsymbol{V} = \boldsymbol{V}\boldsymbol{V}^{\mathrm{T}} = \boldsymbol{I}, \boldsymbol{V}^{\mathrm{T}} = \boldsymbol{V}^{-1}$，習慣上將其叫作右奇異矩陣，$\boldsymbol{V}$ 中的列向量叫作右奇異向量。
- $\boldsymbol{\Sigma}$ 是 $m \times n$ 的矩陣，對角線元素是按照降冪排列的非負數，這些元素叫作奇異值。其中有 r 個奇異值大於 0，剩下的 $P-r$ 個奇異值等於 0，$P=\min(m,n)$。r 是矩陣的秩。

對於 SVD 分解，讀者只需要知道它的計算邏輯即可，不需要手動計算。

首先，計算 $\boldsymbol{AA}^{\mathrm{T}}$，獲得的是一個 $m \times m$ 的對稱方陣，既然是對稱方陣，那麼它是一定可以做正交分解的，即 $\boldsymbol{AA}^{\mathrm{T}}=\boldsymbol{U\Lambda U}^{\mathrm{T}}$。於是，對 $\boldsymbol{AA}^{\mathrm{T}}$ 的結果做正交分解就能獲得左奇異矩陣 $\boldsymbol{U}$ 和 $\boldsymbol{\Lambda}$。

其次，計算 $\boldsymbol{A}^{\mathrm{T}}\boldsymbol{A}$，獲得的是一個 $n \times n$ 的對稱方陣，這個對稱方陣一定可以做正交分解，即 $\boldsymbol{A}^{\mathrm{T}}\boldsymbol{A}=\boldsymbol{V\Lambda V}$。於是，對 $\boldsymbol{A}^{\mathrm{T}}\boldsymbol{A}$ 的結果做正交分解就獲得右奇異矩陣 $\boldsymbol{V}$ 和 $\boldsymbol{\Lambda}$。

最後，計算奇異值，$\boldsymbol{\Sigma}=\sqrt{\boldsymbol{\Lambda}}$。

這樣就完成了 SVD 分解。

讀者應該從 SVD 分解的步驟中發現了 PCA 的身影，不錯，PCA 和 SVD 其實師出一種，PCA 可以看作 SVD 的特例，或是只做了一半的 SVD。

降維技術哪家強

資料降維方法並非只有 PCA 一種，PCA 也不是包治百病的「靈丹妙藥」。它有自己的侷限——只能處理線性相關性。

目前，業界出現的降維技術有很多種，大致可以歸為兩種：線性和非線性。

- 線性降維包含 PCA 和 MDS。
- 非線性降維有 Isomap、LLE（Locally Linear Embedding）、SNE 和 t-SNE。

大家對線性降維中的 PCA 已經比較熟悉了，但是對非線性降維並不了解。目前非線性降維中的方法大多屬於流形學習方法，多用在高維資料視覺化上。

11.1 問題：高維資料視覺化

視覺化技術是一種資料分析的方法。慚愧地說，因為目前的演算法還不夠智慧，必須依靠人類的智慧介入分析，所以，需要透過視覺化技術把高維空間中的資料以二維或三維的形式展示出來，展示的效果如何也就直接決定了後續分析的難度。

人類目前的繪圖能力只能繪製三維的圖形，更高維度的就不行了。但實際面對的資料都是高維甚至超高維的，如果能夠把高維資料在低維空間上展示，並由此發現其中的關係，將為建模工作帶來有益的啟示。

常見的一些高維資料視覺化的方法包含輪廓圖（見圖 11-1）、調和曲線圖（見圖 11-2）、熱力圖等，而流形學習用的是另一種想法。

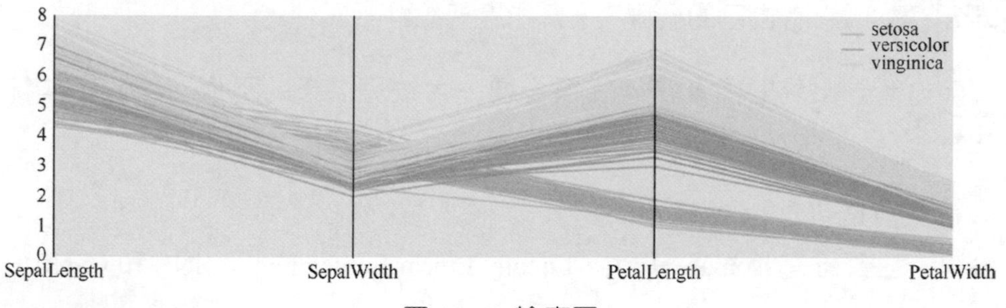

圖 11-1 輪廓圖

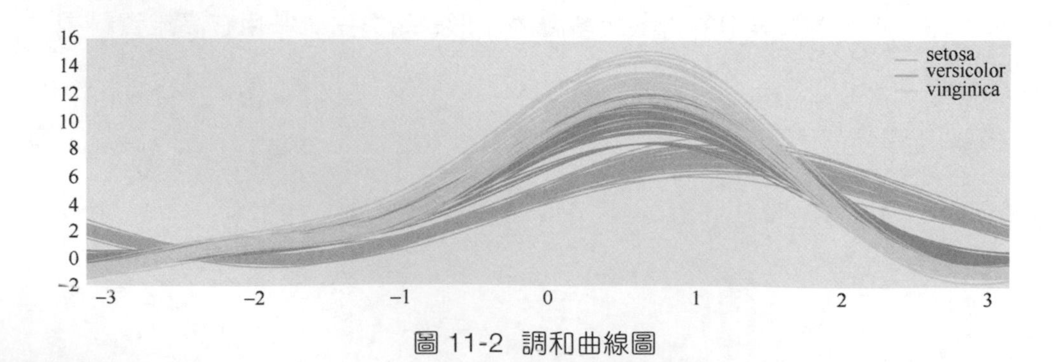

圖 11-2 調和曲線圖

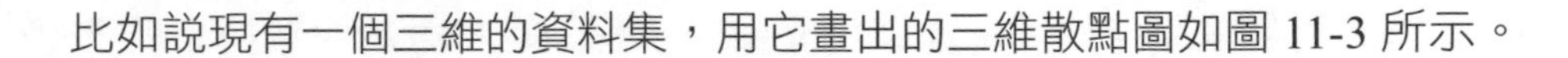

比如說現有一個三維的資料集，用它畫出的三維散點圖如圖 11-3 所示。

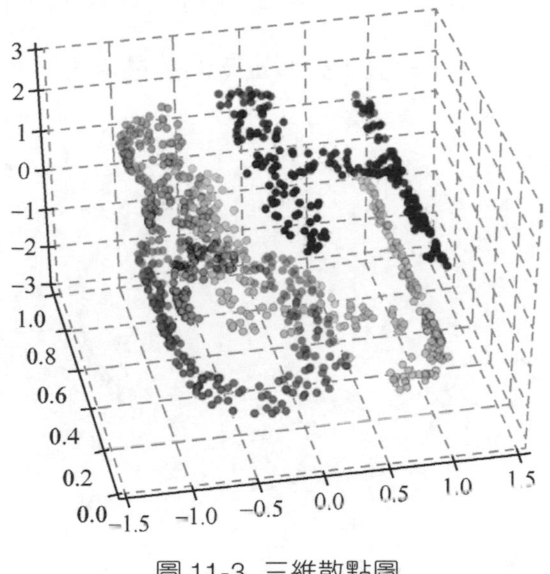

圖 11-3 三維散點圖

圖 11-3 其實是三維空間中一個呈 S 形的 "HELLO"。想像你在紙上寫下 HELLO，然後一個搗蛋鬼把紙團成 S 形，就成了這個樣子。圖 11-4 是從另一個角度觀察的樣子。

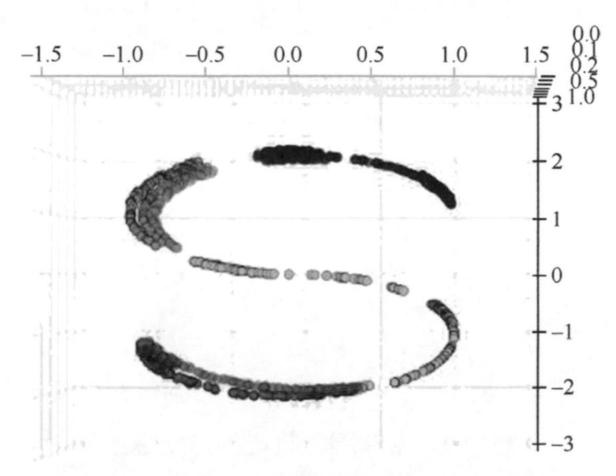

圖 11-4 從另一個角度觀察三維散點圖

如果想把這個圖還原成一個平面該怎麼做呢？這其實相等於資料降維的問題，把三維資料降成兩維，我們期望的是能夠還原出 HELLO 的樣子。

不妨用之前的 PCA 方法來試試，還原出來的效果如圖 11-5 所示。

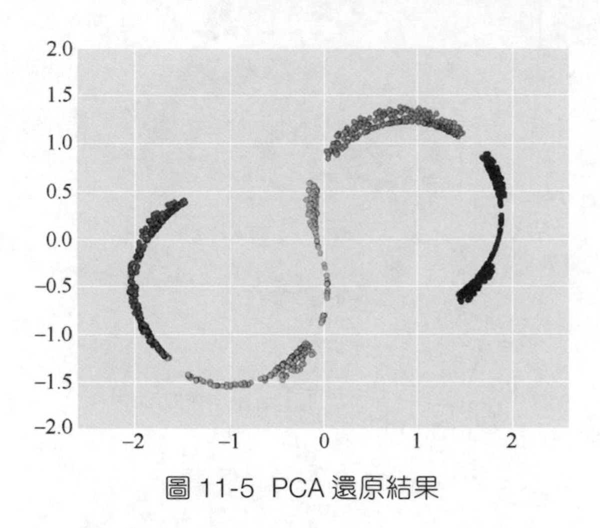

圖 11-5 PCA 還原結果

你可能會覺得不錯啊，S 的形狀保留下來了。但是如果用一個非線性降維的方法，你會看到如圖 11-6 所示的結果。

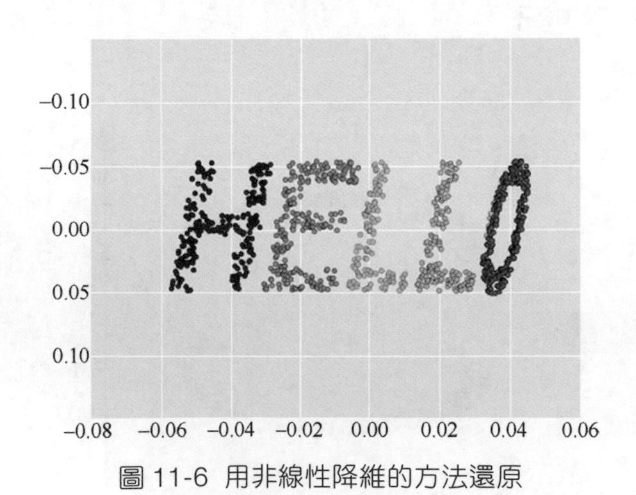

圖 11-6 用非線性降維的方法還原

11.2 程式實戰：多種資料降維

接下來看看在真正的應用中，不同的降維方法會有些什麼不同。本節將使用手寫數字識別資料集説明。這個資料集一共包含 1797 張手寫數字圖片。一共只有 10 個阿拉伯數字，自然就是代表了 10 大類圖片。接下來看看不同的降維方法是否可給分類問題帶來幫助。

首先，載入手寫數字識別資料集，scikit-learn 可以直接下載這份資料集：

載入手寫數字識別資料集

```
1. # 載入手寫數字資料集
2. from sklearn import datasets
3. digits = datasets.load_digits(n_class=10)
```

取出幾張看看，這些圖片如圖 11-7 所示。

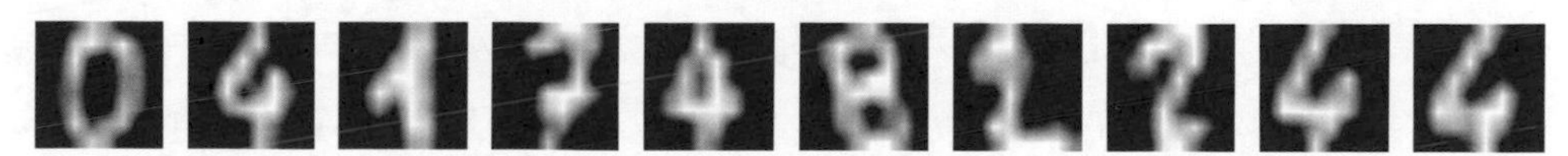

圖 11-7 手寫數字圖片集

每張圖片的大小都是 8×8 的，如果擴充成向量的話，每張圖片就是一個 64 維的向量。然後用各種降維方法將圖片降到兩維，再畫出散點圖，看看是什麼效果。

先來試試 PCA。

PCA 降維

```
1. from sklearn.decomposition import TruncatedSVD as PCA
2. X_pca = PCA(n_components=2).fit_transform(X)
```

把獲得的結果畫出來，PCA 降維效果如圖 11-8 所示。

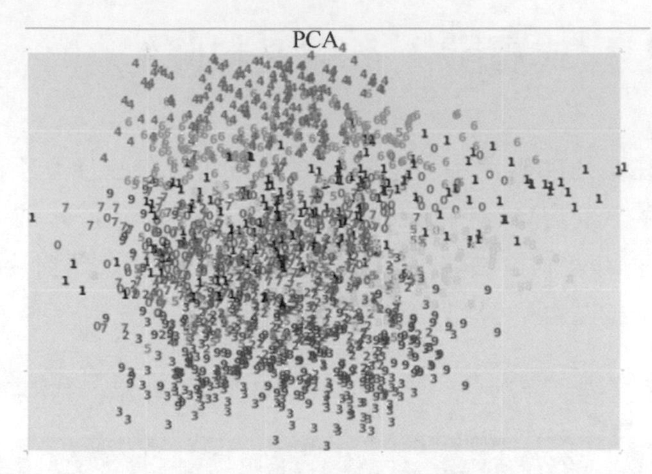

圖 11-8 PCA 降維後的效果

顯然不同類別的圖片都混在了一起，如果是在這樣的特徵基礎之上，那無論哪一種分類方法應該都很難奏效。

再試試其他的降維方法。這裡一共比較了 4 種典型的降維方法：PCA、MDS 是兩種典型的線性降維方法；Spectral、tSNE 是兩種典型的非線性降維方法。MDS、Spectral 和 tSNE 這 3 種降維方法在 scikit-learn 的 manifold 模組中，直接呼叫即可。

幾種降維方法比較

```
1.  #MDS 降維
2.  from sklearn import manifold
3.  clf = manifold.MDS(n_components=2, n_init=1, max_iter=100)
4.  X_mds = clf.fit_transform(X)
5.
6.  #Spectral 降維
7.  embedder = manifold.SpectralEmbedding(n_components=2,
8.                                        random_state=0,
9.                                        eigen_solver="arpack")
10. X_se = embedder.fit_transform(X)
```

```
11.
12. #tSNE 降維
13. tsne = manifold.TSNE(n_components=2, init='pca', random_state=0)
14. X_tsne = tsne.fit_transform(X)
```

把 4 種降維方法獲得的結果都畫出來，獲得的效果如圖 11-9 所示。

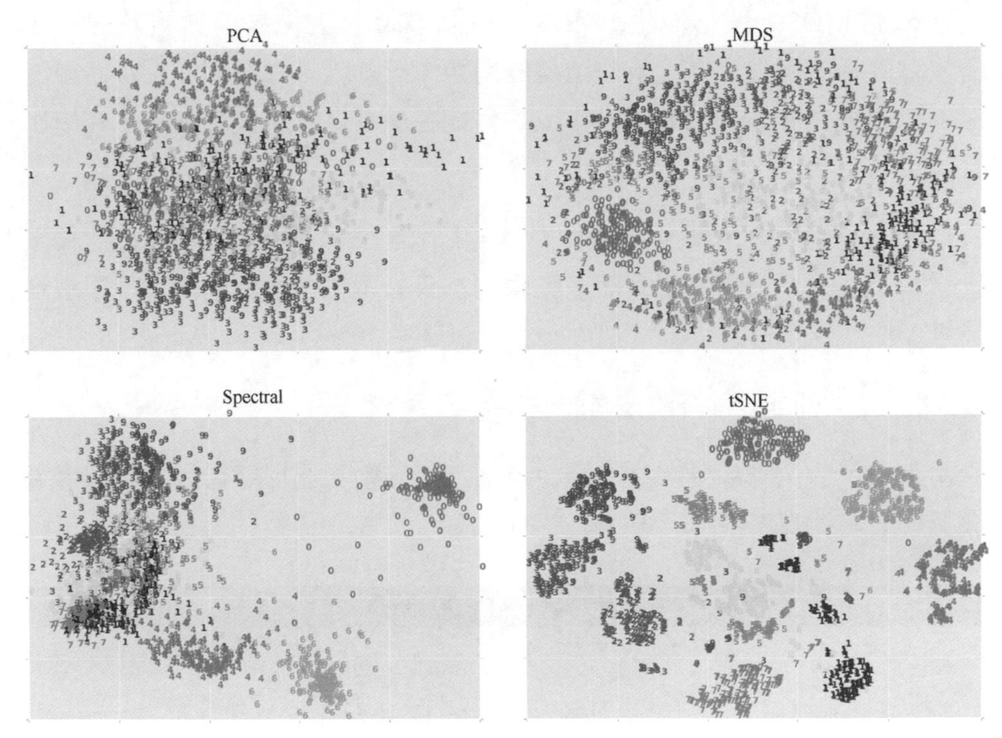

圖 11-9 4 種方法的效果比較

可以看到，前兩種線性降維方法的效果差不多，一個比較差，一個更差。

後面兩種非線性降維方法就好些，尤其是最後一種 tSNE。讀者一定非常好奇，這麼好的方法是怎麼做到的呢？

11.3 專家解讀：從線性降維到流形學習

以 PCA 為代表的線性降維方法，它的原理在前面已經提過，這裡不再贅述。

接下來看 MDS，嚴格地說，MDS 不是資料降維方法，而是資料還原技術。它最初的用途是為了解決這樣的問題：已知樣本點之間的相互距離，但不知道每個樣本點的實際座標，如何能在保持距離不變的前提下還原出每個點的原始座標。

所以 MDS 是希望找到一組資料點 $\boldsymbol{X}=(x_1,x_2,\ldots,x_n)$，讓兩點之間的距離滿足：$\|x_i-x_j\|=d_{ij}$。如果將每個數據點限制為只有兩維，那就剛好實現了資料降維。

MDS 還是其他非線性降維技術的基礎。

通常人們所說的非線性降維都屬於流形學習範圍。流形學習就是一種透過機器學習尋找資料中的非線性結構的方法。

流形假設（manifold hypothesis）

流形學習中有一個原始假設：流形假設。高維空間的資料點通常集中在一個維數更低的曲面（子流形）附近，例如圖 11-10 所示的這種瑞士捲（swiss roll）的分佈。

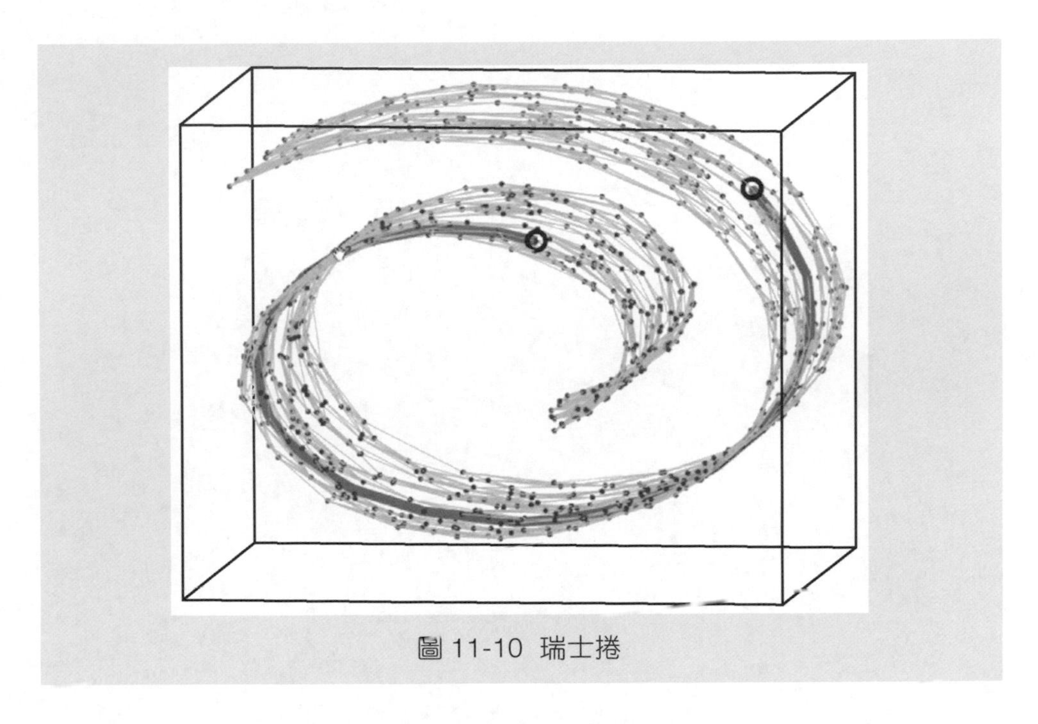

圖 11-10 瑞士捲

對於這種分佈，常用的歐氏空間距離是不適用的。

想像有一隻小螞蟻，要從圖中的黑點走到另一個黑點（即兩個黑圈裡的點），顯然得沿著曲面走，如果直接跳過去就摔死了。圖 11-10 中的這兩個點，如果用歐氏距離看的話是很近，但其實沿著曲面走的話，距離是很遠的。

而所謂的流形學習，基本上可以看作在考慮這種非歐氏距離的基礎上，結合 MDS 把高維資料重新對映到低維空間上。並且在低維空間上，點和點之間的歐式距離保持在高維空間中的非歐氏距離的關係。

流形學習目前還是比較新鮮的方法，多用在資料視覺化上。讀者也可以嘗試更多的方法。

Chapter 12

矩陣分解和隱因數模型

資料降維雖然是矩陣分解的應用之一，但不算重量級應用。從 2006 年開始，矩陣分解開始在工業界聲名鵲起，讓工業界對它有了新的認識。

於是，我們要回顧一下 2006 年發生了什麼。沒錯，就是 Netflix 的推薦大賽。在這個百萬美金大賽中，搭載了 SVD 思維的推薦演算法脫穎而出，向世界證明了矩陣分解方法的應用價值。

另外，2006 年也可以看作本輪深度學習開始的元年，深度學習中一項重要的內容就是學習分散式表達，而用於推薦系統的矩陣分解和這個目標是一致的。

12.1 矩陣分解和隱因數模型概述

所謂隱因數模型的矩陣分解，其實就是把一個矩陣分解成兩個矩陣相乘的形式，即：

$$X=A\times B$$

一旦分解成兩個矩陣相乘的形式，就可以從業務的角度給 ***A***、***B*** 加上各種解釋。

為了説清楚什麼是隱因數模型，我們舉個實例。假設一個學校有這樣一些課程：現代中文語法、古文語法、現代中文閱讀、古文閱讀、現代中文聽力和古文聽力。於是每個同學有 6 個成績，所有同學的成績就是一個矩陣，如圖 12-1 所示。

	現代中文語法	古文語法	現代中文閱讀	古文閱讀	現代中文聽力	古文聽力
s1						
s2						
s3						
s4						
s5						
s6						
s7						
s8						
s9						
s10						
s11						
s12						
s13						
s14						

圖 12-1 學生成績矩陣

讀者可以這樣理解，這 6 門課程其實檢查了學生的兩個能力──古文能力和白話文的能力，每門課程對兩個能力的重點不同。

學生成績矩陣可以分解成兩個矩陣 ***A***、***B*** 乘積的形式。可以這樣了解 ***A***、***B***：矩陣 ***A*** 抓取了每個學生在這兩個能力上的個體差異；矩陣 ***B*** 捕捉到了每個課程對兩個能力的偏重程度（見圖 12-2）。

X

	現代中文語法	古文語法	現代中文閱讀	古文閱讀	現代中文聽力	古文聽力
s1						
s2						
s3						
s4						
s5						
s6						
s7						
s8						
s9						
s10						
s11						
s12						
s13						
s14						

=

A

	白話文能力	古文能力
s1		
s2		
s3		
s4		
s5		
s6		
s7		
s8		
s9		
s10		
s11		
s12		
s13		
s14		

$X = A \times B$

B

	現代中文語法	古文語法	現代中文閱讀	古文閱讀	現代中文聽力	古文聽力
白話文能力						
古文能力						

圖 12-2 學生成績矩陣分解

隱因數模型最早出現在自然語言處理中，從最早的隱語義索引（LSI）到後來的機率隱語義分析（PLSA）、隱狄利克雷分佈（LDA），其實都延用了這種思維，在這種應用背景下隱因數被解讀為文章的主題，只不過它們實際的解決演算法不同。

12.2 程式實戰：SVD 和文件主題

假設有一個語料庫，裡面一共有 8 句話。前 4 句話和語言有關，後 4 句話和足球有關。

```
"Python is popular in machine learning",
"Distributed system is important in big data analysis",
"Machine learning is theoretical foundation of data mining",
"Learning Python is fun",
"Playing soccer is fun",
"Many data scientists like playing soccer",
"Chinese men's soccer team failed again",
"Thirty two soccer teams enter World Cup finals"
```

試著用隱因數模型對這個語料庫進行學習，看看能夠獲得什麼結果。

首先要對語料庫做些轉換，獲得所謂的 Doc-Term 矩陣。可以用 scikit-learn 中的轉換函數完成這件事。

獲得 Doc-Term 矩陣

```
1. vectorizer = CountVectorizer(min_df=1, stop_words="english")
2. data = vectorizer.fit_transform(corpus)
```

上面的程式獲得的矩陣如圖 12-3 所示，每行代表一篇文件，每列代表語料庫中的單字，而矩陣中的每個儲存格代表單字計數，例如第一行第一列的數字 0 表示在第一個文件中，單字 analysis 出現了 0 次。

	analysis	big	chinese	cup	data	distributed	enter	failed	finals	foundation	...
Python is popular in machine learning	0	0	0	0	0	0	0	0	0	0	...
Distributed system is important in big data analysis	1	1	0	0	1	1	0	0	0	0	...
Machine learning is theoretical foundation of data mining	0	0	0	0	1	0	0	0	0	1	...
Learning Python is fun	0	0	0	0	0	0	0	0	0	0	...
Playing soccer is fun	0	0	0	0	0	0	0	0	0	0	...
Many data scientists like playing soccer	0	0	0	0	1	0	0	0	0	0	...
Chinese men's soccer team failed again	0	0	1	0	0	0	0	1	0	0	...
Thirty two soccer teams enter World Cup finals	0	0	0	1	0	0	1	0	1	0	...

圖 12-3 Doc-Term 矩陣

接下來對這個矩陣進行分解，這裡用的 TruncatedSVD 就是所說的隱因數方式的分解：

隱因數分解

```
3. model = TruncatedSVD(2)
4. data_n = model.fit_transform(data)
5. data_n = Normalizer(copy=False).fit_transform(data_n)
```

接下來看看分解獲得的結果，先看每篇文章獲得的向量：

```
6. pd.DataFrame(data_n,
                index = corpus,
                columns = ["component_1", "component_2"]
                )
```

會看到圖 12-4 所示的效果。

	component_1	component_2
Python is popular in machine learning	0.508511	0.861056
Distributed system is important in big data analysis	0.817777	0.575535
Machine learning is theoretical foundation of data mining	0.60883	0.793301
Learning Python is fun	0.623728	0.781641
Playing soccer is fun	0.918749	–0.394842
Many data scientists like playing soccer	0.980248	–0.197774
Chinese men’s soccer team failed again	0.78732	–0.616545
Thirty two soccer teams enter World Cup finals	0.716948	–0.697126

圖 12-4 文章向量

現在每個句子都是一個二維的向量，可以看到前 4 個句子和後 4 個句子有明確的差異。這一點借助散點圖（見圖 12-5）可以看得更清晰。

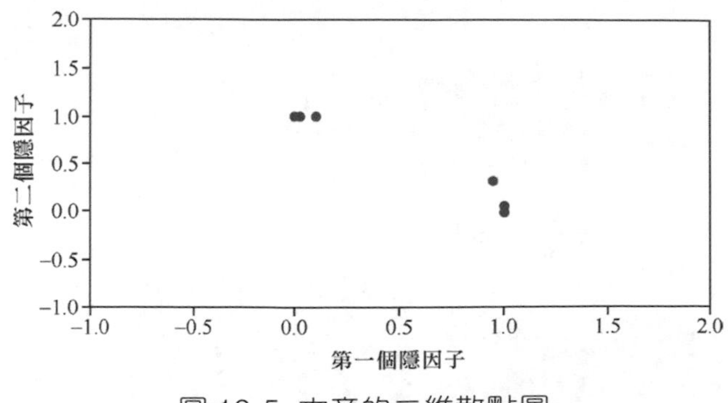

圖 12-5 文章的二維散點圖

還可以計算這些句子兩兩之間的相似度，獲得的相似度矩陣如圖 12-6 所示。

如果用圖 12-7 所示的熱力圖觀察會看得更清晰，顯然前 4 個句子的相似度和後 4 個句子的相似度差異明顯。

對於每個主題，還可以看到圖 12-8 所示的單字分佈，實現的程式如下：

單字的向量

```
7.  pd.DataFrame(model.components_,
8.               index = ["component_1", "component_2"],
9.               columns =  vectorizer.get_feature_names()).T
```

	Python is popular in machine learning	Distributed system is important in big data analysis	Machine learning is theoretical foundation of data mining	Learning Python is fun	Playing soccer is fun	Many data scientists like playing soccer	Chinese men's soccer team failed again	Thirty two soccer teams enter World Cup finals
Python is popular in machine learning	1.000000	0.911416	0.992673	0.990209	0.127212	0.328172	-0.130519	-0.235689
Distributed system is important in big data analysis	0.911416	1.000000	0.954460	0.959933	0.524086	0.687798	0.289008	0.185083
Machine learning is theoretical foundation of data mining	0.992673	0.954460	1.000000	0.999821	0.246133	0.439910	-0.009762	-0.116531
Learning Python is fun	0.990209	0.959933	0.999821	1.000000	0.264424	0.456820	0.009156	-0.097722
Playing soccer is fun	0.127212	0.524086	0.246133	0.264424	1.000000	0.978691	0.966787	0.933950
Many data scientists like playing soccer	0.328172	0.687798	0.439910	0.456820	0.978691	1.000000	0.893705	0.840660
Chinese men's soccer team failed again	-0.130519	0.289008	-0.009762	0.009156	0.966787	0.893705	1.000000	0.994277
Thirty two soccer teams enter World Cup finals	-0.235689	0.185083	-0.116531	-0.097722	0.933950	0.840660	0.994277	1.000000

圖 12-6 文章的相似度矩陣

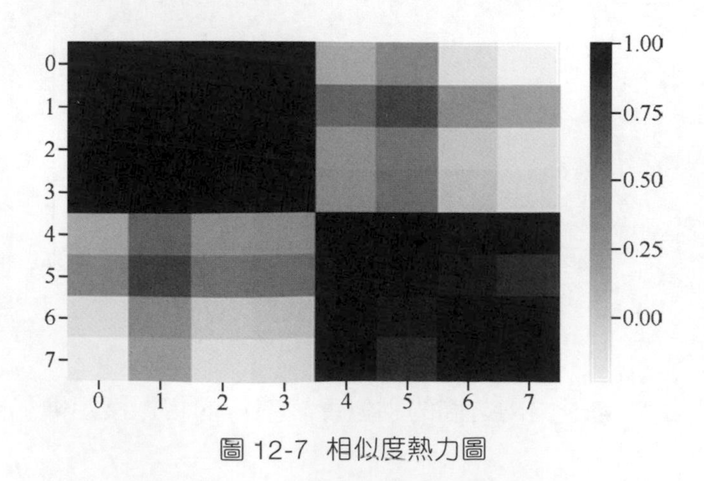

圖 12-7 相似度熱力圖

	component_1	component_2
analysis	0.070773	0.057647
big	0.070773	0.057647
chinese	0.101164	-0.091687
cup	0.163603	-0.184113
data	0.370883	0.229668
distributed	0.070773	0.057647
enter	0.163603	-0.184113
failed	0.101164	-0.091687
finals	0.163603	-0.184113
foundation	0.139014	0.209638
fun	0.168073	0.040656
important	0.070773	0.057647
learning	0.280208	0.453848
like	0.161096	-0.037617
machine	0.216415	0.361324
men	0.101164	-0.091687
mining	0.139014	0.209638
playing	0.205375	-0.089485

圖 12-8 單字向量

12.3 小結

對資料降維工程師來說，矩陣分解把每個學生的成績降維成兩個成績（通常只對特徵進行降維，不會對樣本進行降維，所以不大可能說把 100 個學生的成績提煉出 5 個典型學生）。

對隱語義模型的工程師來說，他發現了學生的能力資質和課程的偏重模型。皆大歡喜！

第二篇

機率

在「線性代數」篇我們介紹了人工智慧的第一種建模方式──聯立方程式。本篇將介紹第二種建模方式──以機率論為基礎的、更準確地說是以機率論為基礎的最大似然思維。

我們假設隨機事件是服從某種機率分佈的，該機率分佈可以用一個數學函數表示。舉例來說 $p(X=x|\theta)=f(x,\theta)$，該分佈的參數是未知量（即分佈已知，參數未知）。

按照最大似然的思維，已經發生的事件應該是機率最大的。於是對於一個資料集（已經發生的事件），我們把它出現的機率用一個似然函數表示：

$$L=\prod_{i=1}^{n} f(x_i,\theta)$$

我們的目標就是找到取何值時，能使似然函數的值最大，這個就是資料中蘊含的秘密。

表面上看起來，聯立方程式和機率論是兩種不同的思維，但二者殊途同歸，最後都落到相同的數學問題上。這也著實表現了人工智慧之美。

機率建模

前面的線性代數部分主要是建置了一些線性模型，從資料中學習到的是數學公式中的參數。除了使用數學公式以外，還可以利用機率進行建模。這時尋找的不再是一個數學公式，而是資料中蘊含的機率分佈。這種解決問題的想法就是統計建模，或叫統計機器學習。

「機率統計」是統計學習中重要的基礎課程，因為機器學習很多時候就是在處理事物的不確定性，而「機率統計」就是研究不確定性的一種課程，是我們用來處理不確定性的工具。所以，讀者需要掌握有關機率的一些重要概念。

13.1 機率

大學裡講「機率論」時，基本上開篇都用拋硬幣的實例解釋什麼是機率。例如把一個硬幣拋 100 次，如果 80 次正面朝上，就獲得正面朝上的機率是 80/100=0.8。我們都是透過這種多次重複試驗的實例建立對機率的了解，但這種機率只是機率的一種。

像這種透過大量試驗獲得的機率也叫客觀機率（objective probability），也就是當我對一件事不確定時，我可以不斷地重複這件事，透過大量的重複最後對不確定性有了結論。

但生活中還有一種不確定性是無法透過大量重複試驗獲得的，例如四大名著是一個作者寫的機率有多大、本屆世界盃德國團隊出線的機率是多少，這種試驗只能做一次，不可能重複多次，因此這種不確定性沒有辦法透過重複試驗獲得。即使如此，人們也會用一個數字去刻畫這種不確定性，這種機率就是所謂的主觀機率（subjective probability）。

主觀機率的依據一般有兩點，其一是根據經驗或知識，例如張三是和我一起工作的同事，老王完全是個陌生人，顯然我會更偏信張三列出的判斷。其二是根據利害關係，比如說四大名著是一個人寫的很可能會被人恥笑，那就可以把可能性低估一些。

13.2 隨機變數和分佈

為了數學上計算的方便，人們會把研究物件的可能結果數量化，於是就有了隨機變數。隨機變數可以看作一個函數，它把隨機試驗的結果對映到一個實數域上。如果能用函數為隨機變數的值和機率建立關係，就獲得了隨機變數的分佈函數。

除了分佈函數，人們還會用數字特徵對隨機變數進行描述。典型的數字特徵包含平均值、方差、協方差等。

研究分佈其實就是想把「X 取 k 的可能性有多大」這種問題的答案進行量化，進一步可以進行計算和比較。統計學家已經為描述這種關係找到了許多個分佈函數，每個分佈函數都有它自己的參數，分佈的參數就是分佈的身份證，不同的分佈擁有不同的參數，參數是具有實際意義的統計量。用機率思維建模的目的，就是希望能從資料中獲得這些參數的值。

用機率思維建模，就是假設隨機變數服從某種分佈，然後用最大似然的思維把一個機率問題轉化成數學問題求解。所以讀者需要了解一些典型的分佈。

13.2.1（0-1）分佈（伯努利分佈）

如果一個事件的結果只有兩種可能（0 或 1、成功或失敗），這種結果只有兩個的試驗統稱為伯努利試驗。如果這個試驗只做一次，那結果就是（0-1）分佈。

如果用參數 μ 代表 X=1 的機率，於是就有：

$$\begin{cases} P\{X=1\}=\mu \\ P\{X=0\}=1-\mu \end{cases}$$

把兩個式子綜合，就有了分佈函數：$Bern\{X=x\}=\mu^x(1-\mu)^{1-x}$。

對於這種分佈而言，它的統計量如下：

（1）平均值：$E(X)=\mu$。

（2）方差：$\mathrm{Var}(X)=\mu(1-\mu)$。

13.2.2 二項分佈

如果把伯努利試驗進行 n 次（也就是 n 重伯努利試驗），用隨機變數 X 表示結果中出現 1 的次數，這個隨機變數的分佈就是二項分佈，記作 $X\sim B(n,p)$。

例如做 100 次擲硬幣試驗，字朝上的次數是 X，第一輪的 100 次試驗獲得的結果可能是 10；第二輪的 100 次試驗獲得的結果可能是 30，X 服從的就是二項分佈。

因為這是一種離散型的隨機變數，變數的可能結果是可數的有限個。對於每個可能結果，其機率均符合二項式定理，即：

$$P\{X=k\}=\mathrm{C}_n^k p^k(1-p)^{n-k}$$

$$\mathrm{C}_n^k=\frac{n!}{(n-k)!k!}$$

這些二次項的係數 C_n^k 組成了巴斯卡三角形，如圖 13-1 所示。

```
                 1
               1   1
             1   2   1
           1   3   3   1
         1   4   6   4   1
       1   5   10  10  5   1
     1   6   15  20  15  6   1
   1   7   21  35  35  21  7   1
```

圖 13-1 巴斯卡三角形和二項分佈的關係

二項分佈的統計量如下：

（1）平均值：$E(X)=np$。

（2）方差：$\mathrm{Var}(X)=np(1\text{-}p)$。

另外，二項分佈雖然是用來刻畫離散變數的，但是當 n 取極限時，二項分佈會趨向正態分佈。著名的高爾頓釘板試驗就可以直觀地證明這個結論，所以這些典型的分佈彼此都是有關係的。

13.2.3 多項分佈

多項分佈是二項分佈的直接延伸。一個隨機試驗有 k 種結果，各自的機率是 $p_1, p_2,\cdots, p_k(k>2)$，把同樣的試驗重複 n 次，用 x_i 代表第 i 種結果出現的次數，則 $x_1,x_2,\cdots,x_k$ 的聯合分佈是一個多項分佈，機率函數是：

$$\begin{cases} P(x_1,x_2,\cdots,x_k)=\dfrac{n!}{x_1!x_2!\cdots x_k!}p_1^{x_1}p_2^{x_2}...p_k^{x_k} \\ p_1+p_2+\cdots+p_k=1 \\ x_1+x_2+\cdots+x_k=n \end{cases}$$

機率函數也可以用 Γ (Gamma) 函數表示成下面這種形式：

$$P(x_1,x_2,\cdots,x_k)=\frac{\Gamma(n+1)}{\prod_{i=1}^{k}\Gamma(x_i+1)}\prod_{i=1}^{k}p_i^{x_i}$$

什麼是函數

讀者知道正整數的階乘計算方法，例如 1!=1, 2!=2, 3!=6, …如果把這些點用一條光滑的曲線連起來，這個曲線對應的函數就是 Γ 函數，如圖 13-2 所示。

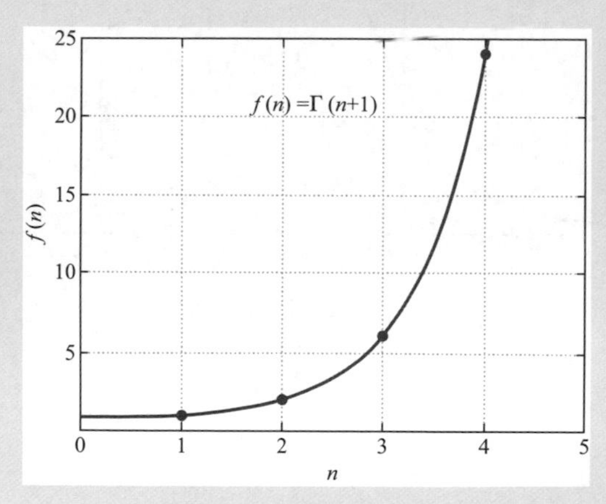

圖 13-2 函數的曲線

所以，Γ 函數可以看作階乘運算在實數域上的推廣。

Γ 函數在實數域上的定義為：$\Gamma(t)=\int_0^{+\infty}x^{t-1}e^{-x}\mathrm{d}x(t>0)$

對於正整數 n, $\Gamma(n+1)=n!$ 或 $\Gamma(n)=(n-1)!$。

13.2.4 正態分佈

前面的 3 種分佈都是針對離散變數的，而連續型數值變數最著名的當數正態分佈了。正態分佈的機率密度函數如下：

$$f(x)=\frac{1}{\sqrt{2\pi}\sigma}e^{\frac{-(x-\mu)^2}{2\sigma^2}}$$

函數的形態是鐘形曲線，如圖 13-3 所示。

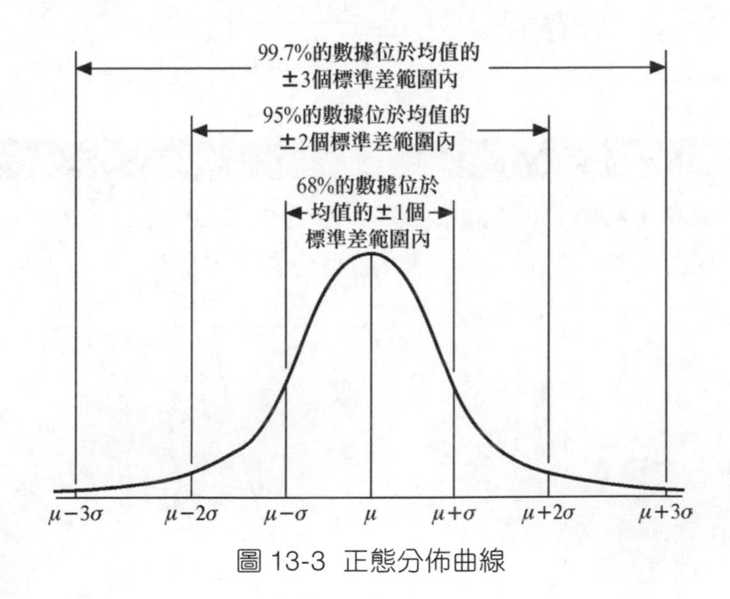

圖 13-3 正態分佈曲線

正態分佈非常重要，它有幾個重要的特點：

- 二項分佈的極限就是正態分佈；
- 根據中心極限定理，多個隨機變數之和服從正態分佈；
- 正態分佈的經驗法則，68% 的樣本分佈在平均值的 ±1 個標準差範圍內，95% 的樣本分佈在平均值的 ±2 個標準差範圍內，99.7% 的樣本分佈在平均值的 ±3 個標準差範圍內；
- 從正態分佈衍生出的三大抽樣分佈也是統計學上的重要工具。

正態分佈是一個非常重要的分佈，很多統計方法都是建立在正態分佈的前提下的。例如讀者熟悉的線性回歸就要求常態性。做資料分析時，通常會要求對數值型變數做些預檢查，其中就包含檢查資料是否服從正態分佈。

檢查資料是否服從正態分佈有一些統計檢驗方法，例如 W 檢驗。但這些方法的統計味道太濃，作者更喜歡簡單直觀的方法。

最直觀的方式是借助長條圖觀察。例如在研究房價問題時，如果想要用線性回歸對房價建模，就要先觀察房價是否服從正態分佈。如果不服從正態分佈，就需要轉換，讓轉換後的資料服從正態分佈。

13.3 程式實戰：檢查資料是否服從正態分佈

如果資料服從正態分佈，那麼它的長條圖應該會接近鐘形曲線。當然，由於資料中雜訊的存在，不會有很完美的鐘形。舉例來說，借助於著名的波士頓房價資料集，我們可以畫出房價的長條圖，如圖 13-4 所示。

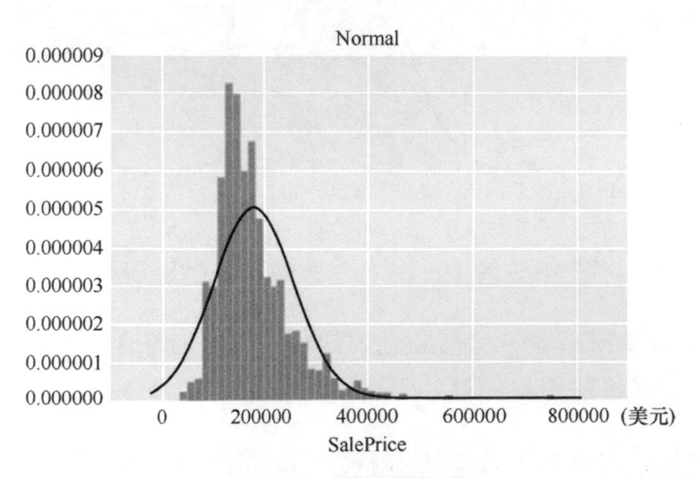

圖 13-4 房價長條圖

繪製房價長條圖

```
1. import seaborn as sns
2. import matplotlib.pyplot as plt
3. import scipy.stats as st
4. sns.distplot(y, kde=False, fit=st.norm)
5. plt.title('Normal')
```

從圖 13-4 所示的長條圖中可以看出，房價是不服從正態分佈的，很明顯它是右偏分佈。對於這種資料，通常要先某種轉換，例如做對數轉換，轉換後的結果如圖 13-5 所示。

房價資料對數轉換

```
6. SalePrice_log = np.log(train['SalePrice'])
7. sns.distplot(SalePrice_log,fit=st.norm)
```

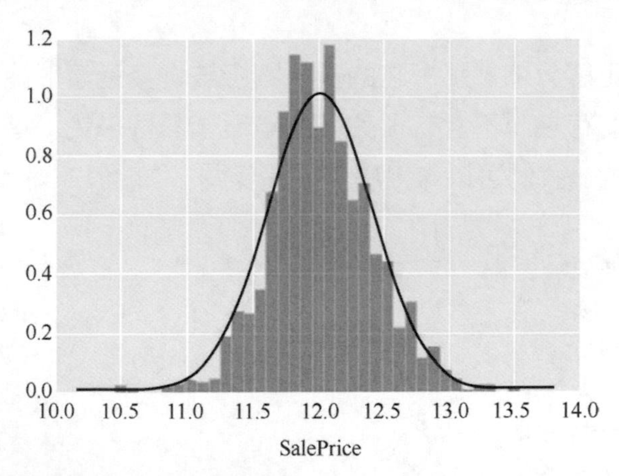

圖 13-5 對房價進行對數轉換後的長條圖

從圖 13-5 可以獲得結論，房價經過對數轉換後更加符合正態分佈。這也提示建模時用轉換後的資料建模效果可能會更好。

另外，還可以透過機率圖來觀察資料分佈的常態性，繪製機率圖的程式如下：

資料轉換前的機率圖

```
8.  import scipy.stats as st
9.  st.probplot(train['SalePrice'], plot=plt)
```

獲得的機率圖如圖 13-6 所示。

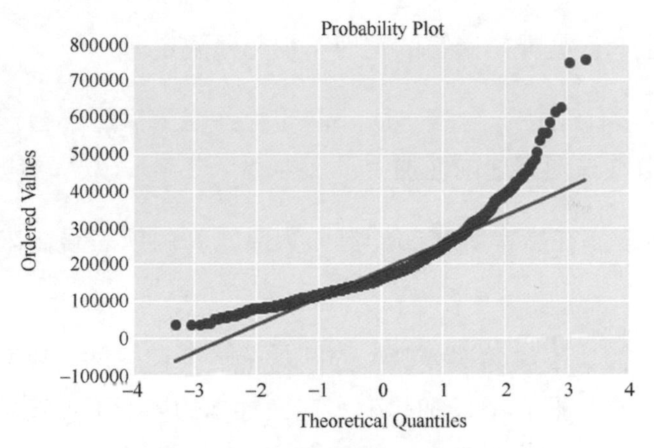

圖 13-6 資料轉換前的機率圖

而轉換後的房價機率圖更接近於一條直線，更進一步地服從正態分佈，如圖 13-7 所示。

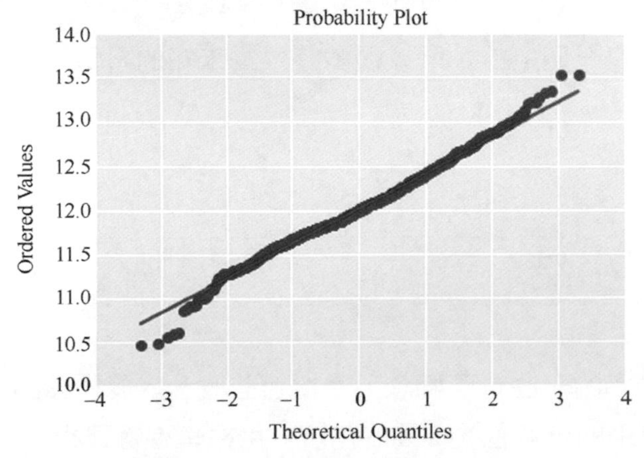

圖 13-7 資料轉換後的機率圖

13.4 專家解讀：為什麼正態分佈這麼厲害

自然界中很多現象都會服從正態分佈，例如身高、體重、降雨量，那為什麼正態分佈就這麼厲害呢？

因為統計學上有一個非常厲害的定理：中心極限定理。

「中心」二字沒什麼特殊含義，估計當初那些數學家認為自己的發現是宇宙中心，所以在這個定理前面加上了「中心」二字，以凸顯其地位。

「極限」二字就是在樣本數量趨於無限大時，資料所表現出來的一些規律性。

中心極限定理說：不論隨機變數獨立同分佈於何種分佈，只要它們的平均值和方差都存在，把 n 個 X 加起來，在大樣本的情況下，這個和就服從正態分佈。

上面這段話很拗口，我用白話翻譯一下：不管原來資料是什麼樣的分佈，甚至它們無分佈規律，但如果我們從這些資料中抽樣，然後再從抽樣資料中獲得一些統計量，這些統計量就服從正態分佈，好像冥冥中註定的一樣。

也正是因為這樣一個結論，所以很多時候對未知的事情都可以做個正態分佈的假設。

13.5 小結

本章介紹了機率的一些重要概念，掌握這些概念對於後續的以機率建模非常重要。接下來的幾章會從不同的角度利用機率進行建模。

最大似然估計

最大似然思維是頻率學派使用的機率建模思維基礎，它是以最大似然原理提出為基礎的。為了說明最大似然原理，先看個實例。

某同學與一位獵人一起外出打獵。忽然，一隻野兔從前方竄過，只聽一聲槍響，野兔應聲倒下。若讓你推測一下是誰打中的野兔，你會怎樣想？

通常來說，一個訓練有素的獵人一槍打中兔子的機率一定比一個從未拿過槍的同學的機率大，所以這一槍極有可能是獵人打的。

這一想法就包含了最大似然原理的基本思維。

為了進一步體會最大似然原理的思維，再看一個拋硬幣的實例：假設有一個硬幣，我們對它的特點一無所知，不妨認為拋出去之後正面朝上的機率 p 可能是 0.1、0.3 或 0.6，如果我隨手一拋，竟然是正面朝上，p 應取何值？

作者會認為這一事件發生的機率是 0.6，而非其他數值。

14.1 最大似然原理

所謂最大似然原理，實質是以下兩點：

- 機率大的事件在一次試驗中更容易發生；
- 在一次試驗中發生了的事件，其機率應該最大。

在用機率思維對資料建模時，通常會假設這些資料是從某一種分佈中隨機取樣獲得的，例如正態分佈，可是我們並不知道這個正態分佈是什麼樣的，平均值和方差兩個參數未知，也就是「模型已定，參數未知」的問題。這時就可以用最大似然的思維建模，最後獲得對模型參數的估計。總之，最大似然估計的目標是找出一組參數，使得模型產生觀測資料的機率最大即可。

14.2 程式實戰：最大似然舉例

假設現在有 1000 個人的身高資料，也知道身高是服從正態分佈的，那麼身高的平均值和方差該怎麼估算呢？雖然知道平均值、方差的公式，但那只是教科書上的結論，我們試著從最大似然的角度去了解。

下面的程式用 $h\sim(\mu=1.6, \sigma=0.2)$ 正態分佈取樣產生 1000 個身高資料用於測試。然後看看什麼參數能讓似然函數值最大，這相等於負對數似然函數值最小。

產生 1000 個身高資料

```
1. from scipy.stats import norm
2. N , mu, sigma =1000, 1.6, 0.2
3. data = norm.rvs(loc=mu, scale=sigma,size = N)
```

既然身高服從正態分佈，那麼只要知道平均值和方差，對於一個實際的身高值是可以計算出這個身高出現的機率的。可以用方法來計算，例如：

計算機率

```
4.  def norm_prob(x,mu, sigma):
5.      p = norm(mu,sigma).cdf(x+0.0001) - norm(mu,sigma).cdf(x-0.0001)
6.      return p
```

這裡計算機率值用的不是 pdf，而是兩個 cdf 之差。因為 SciPy 的 pdf 傳回結果可能會大於 1，例如：

```
norm.pdf(x=1.8,loc=1.6,scale=0.2)

# 獲得的結果是
1.209853622595717
```

大於 1 的結果顯然不符合我們對於機率的認知，機率應該是 0 ～ 1 的小數。這並不是 SciPy 的 bug。pdf 計算的是機率密度，不是機率，機率密度可以是大於 1 的數字。

然後定義一個負對數似然函數。

定義負對數似然函數

```
7.  def loglikelihood(data,mu,sigma):
8.      l = 0.0
9.      for x in data:
10.         l -= np.log(norm_prob(x,mu,sigma))
11.     return l
```

有了這些輔助工具後，就可以計算在任何一種平均值、方差下資料的似然函數值了。假設方差固定，我們透過轉換不同的平均值，來看似然函數值的變化情況：

計算資料集的似然函數值

```
12. mus = [1.4,1.5,1.6,1.7,1.8,1.9,2.0]
13. sigma =0.1
14. l = [loglikelihood(data,mu2,sigma) for mu2 in mus]
```

可以看到如圖 14-1 所示的結果。

	mu	-logl
0	1.4	10978.790260
1	1.5	9513.150704
2	1.6	9047.105717
3	1.7	9581.059419
4	1.8	11115.012787
5	1.9	13648.965822
6	2.0	17182.918523

圖 14-1 似然函數值

如果畫出圖來，你會發現函數曲線是如圖 14-2 所示的碗形曲線。其實這是非常受歡迎的一種函數──凸函數。凸函數的意義本書後面會介紹。

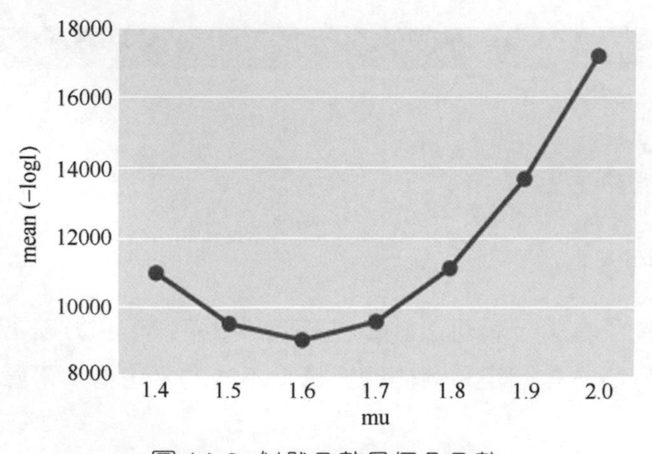

圖 14-2 似然函數是個凸函數

從圖 14-2 中可以很清楚地看到，在 $\mu=1.6$ 的時候，負對數似然函數有最小值，相當於似然函數值在這一點最大。所以，現在就可以根據最大似然原理說這些人的平均身高是 1.6 m。

14.3 專家解讀：最大似然和正態分佈

在上面的實例中，我們使用窮舉法找到了使得似然值最大的參數 μ、σ，但這種方法效率太低。接下來用數學的方法一步合格地找到參數值，這也是教科書上告訴我們的方法。

一個最大似然估計的數學過程包含以下幾步：

- 利用假設的資料分佈寫出資料集的似然函數（類似於聯合機率密度函數）；$L(\theta)=\prod_{i=1}^{n} p(x^{(i)},\theta);$
- 似然函數是個許多項連乘的形式，在數學上不好求解，為了讓問題好解，對似然函數取對數獲得對數似然函數；
- 對數似然函數求導數獲得駐點（最大值點）；
- 將樣本值代入駐點的運算式，就獲得參數的估計值。

以正態分佈為例，假設資料整體 X 服從正態分佈，即 $X\sim N(\mu,\sigma^2)$，正態分佈的參數 μ、σ^2 未知。$(X^{(1)}, X^{(2)},\cdots, X^{(n)})$ 是來自整體的 n 個樣本，試求 μ、σ^2 的似然估計。我們看一下用最大似然估計應該如何解這個問題，以及最後獲得的結論是什麼。

既然 $X\sim N(\mu,\sigma^2)$，X 的機率密度函數就是：

$$f(x;\mu,\sigma^2)=\frac{1}{\sqrt{2\pi}\sigma}\mathrm{e}^{-\frac{(x-\mu)^2}{2\sigma^2}}$$

於是可以建立 n 個樣本的似然函數：

$$L(\mu,\sigma^2)=\prod_{i=1}^{n}\frac{1}{\sqrt{2\pi}\sigma}\mathrm{e}^{-\frac{(x^{(i)}-\mu)^2}{2\sigma^2}}$$

$$=(2\pi)^{-\frac{n}{2}}(\sigma^2)^{-\frac{n}{2}}\mathrm{e}^{\left[-\frac{1}{2\sigma^2}\sum_{i=1}^{n}(x^{(i)}-\mu)^2\right]}$$

對其取對數，獲得對數似然函數：

$$\ln L=-\frac{n}{2}\ln(2\pi)-\frac{n}{2}\ln\sigma^2-\frac{1}{2\sigma^2}\sum_{i=1}^{n}(x^{(i)}-\mu)^2$$

要讓對數似然函數取最大值，對其求導，尋找導數為 0 的駐點：

$$\frac{\partial}{\partial\mu}\ln L=\frac{1}{\sigma^2}\left[\sum_{i=1}^{n}(x^{(i)}-\mu)\right]$$

$$\frac{\partial}{\partial\sigma^2}\ln L=-\frac{n}{2\sigma^2}+\frac{1}{2(\sigma^2)^2}\sum_{i=1}^{n}(x^{(i)}-\mu)^2$$

透過令導數為 0，可以獲得下面的結果：

$$\mu=\frac{1}{n}\sum_{i=1}^{n}x^{(i)}=\overline{x}$$

$$\sigma^2=\frac{1}{n}\sum_{i=1}^{n}(x^{(i)}-\overline{x})^2$$

這兩個結果是不是很眼熟，這不就是教科書上的正態分佈的平均值和方差的公式嗎？只不過教科書上直接把結論拋出來，而我們不假思索地全盤接受，從來沒有想過它是怎麼來的。其實就是用最大似然的思維推導獲得的。

前面這個實例中，我們用最大似然估計的方法推導出了正態分佈的兩個參數。但這好像沒什麼用，教科書上已經白紙黑字地明確告訴我們了。其實，我們只是用前面的實例熱身，它的真正意義在於建模以及參數的推導。

14.4 最大似然和回歸建模

假設線性回歸模型的誤差服從平均值為 0、方差為某個定值的正態分佈，即 $\epsilon \sim N(0,\sigma^2)$。資料集的誤差的對數似然函數如下：

$$
\begin{aligned}
\ln L &= \sum_{i=1}^{n} p(\epsilon^{(i)}) \\
&= \sum_{i=1}^{n} \ln p[h_\theta(x^{(i)}) - y^{(i)}] \\
&= \sum_{i=1}^{n} \ln \frac{1}{\sqrt{2\pi}\sigma} \mathrm{e}^{-\frac{[h_\theta(x^{(i)})-y^{(i)}]^2}{2\sigma^2}}
\end{aligned}
$$

這個式子中的 n 是樣本數量，σ^2 是正態分佈的方差，都可以看作已知量，可以忽略。於是求對數似然函數的最大值相等於求下式的最小值：

$$
\frac{1}{2}\sum_{i=1}^{n}[h_\theta(x^{(i)}) - y^{(i)}]^2
$$

這個式子和之前用最小平方法時定義的損失函數何其相似？所以，最大似然估計法和最小平方法並不矛盾，二者殊途同歸。

14.5 小結

本章介紹了最大似然的思維，它是頻率學派中做參數估計的重要工具，並在實際中具有廣泛的應用。例如在回歸問題中，我們其實可以從最大似然推導出最小平方。所以讀者會發現，機器學習中的很多方法都是相通的，從不同的角度建模最後都能歸結到同一個問題上。

Chapter 15

貝氏建模

透過之前的學習，讀者應該對機器學習有了初步的了解了。所謂機器學習，無非就是根據資料建立模型。之前用線性回歸方法建立的模型是一個數學公式或是一個函數。本章介紹另一種直接學習資料中機率分佈的建模方式——貝氏建模。先了解一些重要的概念。

15.1 什麼是隨機向量

人們在研究事件的統計規律時，會用隨機變數對一個隨機現象進行量化。有些隨機現象可以用一個變數描述，例如某一時間內公共汽車站排隊候車的乘客人數。有些隨機現象需要同時用多個隨機變數來描述。舉例來說，子彈著點的位置需要兩個座標才能確定，它有兩個隨機變數。再例如一個人的體檢指標，包含身高、體重、血壓、心跳等，這些指標都屬於同一個人，彼此之間是相互影響的，並不完全獨立，所以不能簡單地看作 n 個隨機變數。為了區別，人們用一個 n 維的隨機向量來表示它。

雖然看起來隨機向量好像只是把幾個隨機變數放在一起而已，但重要的是這些變數描述的是同一個隨機試驗，它們是同步變化的。

一維隨機向量可以看作在數軸上取隨機點；二維隨機向量（X, Y）可以看作平面上的隨機點；同樣的想法，多維隨機向量就是高維空間中的點了。

對隨機向量來說，還是要研究它的分佈、分佈函數、統計量這些內容，只是研究的工具變了。

15.2 隨機向量的分佈

以二維隨機向量（X, Y）為例，其性質不僅和 X、Y 有關，還依賴於兩個隨機變數的相互關係。因此，對於隨機向量的研究通常是從 3 個方面進行的。

- （X, Y）作為一個整體：研究其聯合分佈，因為它把所有隨機變數作為一個整體考慮，所以用聯合這個詞。
- X、Y 分別作為個體：研究邊緣分佈，因為是對各個隨機變數個體進行研究，又要將其與單純的隨機變數相區別，所以叫邊緣。
- X、Y 的相互影響：研究條件分佈。

研究二維隨機向量的方法可以自然地推廣到多維隨機向量。

例如小花同學玩擲骰子遊戲，他一共擲了 5 次骰子，假設擲出 5 的次數是 X，擲出 6 的次數是 Y，顯然 X、Y 這兩個數字是相互影響的。該怎麼研究 X、Y 以及它們的關係呢？

首先，可以研究它們的聯合分佈 $p(x, y)=p\{X=x, y=y\}$，會有以下結果。

- x：代表 5 出現的次數，可能值為 0、1、2、3、4、5。

- y：代表 6 出現的次數，可能值為 0、1、2、3、4、5。
- 出現其他數字的情況統一用 z 表示：$z=5-x-y$。

於是出現 x 次 5 和 y 次 6 的可能性就是一個組合問題：

$$p(x,y)=P\{X=x,Y=y\}=K\left(\frac{1}{6}\right)^{x}\left(\frac{1}{6}\right)^{y}\left(\frac{4}{6}\right)^{5-x-y}$$

其中，係數 $K=\dfrac{5!}{x!y!(5-x-y)!}$。

於是：

$$p(x,y)=\frac{5!}{x!y!(5-x-y)!}\left(\frac{1}{6}\right)^{x}\left(\frac{1}{6}\right)^{y}\left(\frac{4}{6}\right)^{5-x-y}$$

我們完全可以把所有的可能性都計算出來記錄到一個表裡，假設用行代表 5 出現的次數，用列代表 6 出現的次數，如表 15-1 所示。表 15-1 的計算結果是透過 Excel 獲得的（計算精度保留 5 位小數，餘同）。

表 15-1 擲骰子問題的聯合分佈

	$p(x,y)$	Y					
		0	1	2	3	4	5
X	0	0.131 69	0.164 61	0.082 30	0.020 58	0.002 57	0.000 13
	1	0.164 61	0.164 61	0.061 73	0.010 29	0.000 64	0.000 00
	2	0.082 30	0.061 73	0.015 43	0.001 29	0.000 00	0.000 00
	3	0.020 58	0.010 29	0.001 29	0.000 00	0.000 00	0.000 00
	4	0.002 57	0.000 64	0.000 00	0.000 00	0.000 00	0.000 00
	5	0.000 13	0.000 00	0.000 00	0.000 00	0.000 00	0.000 00

還可以研究 X 和 Y 的邊緣分佈。所謂邊緣分佈，是指在多維隨機向量中，只包含其中部分變數的機率分佈。例如：

- $P\{X=x\}$ 就是只考慮 X 的分佈，而不關心 Y，所以叫 X 的邊緣分佈；
- $P\{Y=y\}$ 就是只考慮 Y 的分佈，而不關心 X，所以叫 Y 的邊緣分佈。

為了獲得邊緣分佈，可以這樣做：在表格的右側增加一列，其內容為各行的整理求和，獲得的就是 X 的邊緣分佈，即 $P(X)$。同理，在表格下面增加一行，其內容為各列的整理求和，這一行就是 Y 的邊緣分佈，即 $P(Y)$。在 Excel 中的計算結果見表 15-2。

表 15-2 兩個變數的邊緣分佈

	$p(x,y)$	Y						$P(X)$
		0	1	2	3	4	5	
X	0	0.131 69	0.164 61	0.082 30	0.020 58	0.002 57	0.000 13	0.401 88
	1	0.164 61	0.164 61	0.061 73	0.010 29	0.000 64	0.000 00	0.401 88
	2	0.082 30	0.061 73	0.015 43	0.001 29	0.000 00	0.000 00	0.160 75
	3	0.020 58	0.010 29	0.001 29	0.000 00	0.000 00	0.000 00	0.032 16
	4	0.002 57	0.000 64	0.000 00	0.000 00	0.000 00	0.000 00	0.003 21
	5	0.000 13	0.000 00	0.000 00	0.000 00	0.000 00	0.000 00	0.000 13
$P(Y)$		0.401 88	0.401 88	0.160 75	0.032 16	0.003 21	0.000 13	1.000 01

最後，還可以分析條件分佈。也就是在其中一個隨機變數固定的條件下，另一隨機變數的機率分佈，記作 $P(Y|X)$，即在指定 X 條件下 Y 的機率分佈。

就小花擲骰子的實例而言，條件分佈就是類似已經知道有 2 次 5 朝上的條件下，求 6 朝上的次數的各種可能性，即 $P\{Y|X=2\}$。

這個結果也可以根據貝氏公式計算，用 Excel 的計算結果如表 15-3 所示。

表 15-3 條件分佈

	$P(Y\|X)$	Y					
		0	1	2	3	4	5
X	0	0.327 68	0.409 60	0.204 79	0.051 21	0.006 39	0.000 32
	1	0.409 60	0.409 60	0.153 60	0.025 60	0.001 59	0.000 00
	2	0.511 98	0.384 01	0.095 99	0.008 02	0.000 00	0.000 00
	3	0.639 93	0.319 96	0.040 11	0.000 00	0.000 00	0.000 00
	4	0.800 62	0.199 38	0.000 00	0.000 00	0.000 00	0.000 00
	5	1.000 00	0.000 00	0.000 00	0.000 00	0.000 00	0.000 00

15.3 獨立 VS 不獨立

有了之前的基礎概念之後，我們就可以定義事件的獨立和不獨立了。

- 如果兩個事件 A、B 獨立，則它們的聯合機率 $P(AB)=P(A)P(B)$。
- 如果兩個事件 A、B 不獨立，則聯合機率 $P(AB)=P(A)P(B|A)=P(B)P(A|B)$。

假設一個女孩聰明的機率是 0.1，漂亮的機率是 0.1，對人工智慧有興趣的機率是 0.001，再假設這 3 件事相互獨立，那麼一個女孩既聰明、又漂亮，又對人工智慧有興趣的聯合機率就是：

$$P\{girl=(clever,beautiful,MachineLearning)\}=0.1\times0.1\times0.001$$

15.4 貝氏公式

如果兩個隨機變數不獨立，就可以獲得著名的貝氏公式：

$$P(A\mid B)=\frac{P(A)P(B\mid A)}{P(B)}$$

貝氏公式之所以非常重要，是因為在機器學習中建的模型可以表示成 $P(H|D)$。D 代表擁有的資料，而 H 則代表對資料中隱藏的模型做出的假設。根據貝氏公式就有：

$$P(H \mid D) = \frac{P(D \mid H)P(H)}{P(D)}$$

其中：

- $P(H|D)$ 稱為後驗機率；
- $P(D|H)$ 稱為似然；
- $P(H)$ 稱為先驗機率；
- $P(D)$ 是個歸一化因數，在某些問題中不重要，可以忽略，在某些問題中必須要計算，但通常這部分不容易甚至無法計算，於是會衍生出很多更複雜的演算法，例如 MCMC 取樣技術。

貝氏公式從形式上看似乎很簡單，而且計算也不複雜，但它是貝氏學派的法寶。它成功地引用了先驗知識，對頻率學派的最大似然估計法進行了改進。

15.5 小結

業界高手是這樣評價貝氏建模方法的：「人工智慧領域出現過 3 個最重要的進展：深度神經網路、貝氏機率圖模型和統計學習理論。從 2010 年以來，由於深度神經網路在語音和影像等領域的極大成功，其重要性被學術界和工業界廣泛接受和推薦。相對而言，同樣具有極大使用價值的貝氏方法遠沒有受到充分重視。我個人相信，在下一個 10 年裡，工程師掌握貝氏，就像今天掌握 Python 程式語言一樣重要和普遍。」

好，為了前途，還是加油吧！

單純貝氏及其擴充應用

到目前為止，本書一直在用回歸問題做實例，其實機器學習還可以解決分類問題。舉例來說，讓電腦識別一張圖片上的圖案是貓還是狗，即貓狗圖片識別，這就是一個二分類問題。再例如手寫數字識別，就是識別出圖案是 0 ～ 9 這 10 個類別中的哪一種。這些都是分類問題。

單純貝氏是一種用來解決二分類問題的方法，它也是最簡單、最快速的方法，尤其適合高維資料。正是由於這種方法簡單、快速，所以經常拿來作為機器學習的入門模型。

單純貝氏的成熟應用是垃圾郵件分類問題。關於這個應用，網上有太多的案例，本章會用一個商品評論分類的實例來做說明。所謂商品評論分類，就是判斷使用者的評論是褒義還是貶義的，這其實是屬於自然語言處理中情感分析的應用。

16.1 程式實戰：情感分析

我們收集到的使用者評論是這樣的：

```
昨晚看著看著就睡著了，今天早晨醒來就立馬抓起繼續啃，正逢小說結尾部分，也正如作者的
昨天我把這套書看完了，結尾我不是很喜歡有點太戲劇了，但對書中的主人公卻是最好的安排
昨天晚上看完了，此書揭開了獵頭的神秘面紗，將獵頭與HR的運作展現在人們面前。以小說的
昨天帶寶寶在朋友的社區玩，有工人正在植樹，寶寶目不轉睛地觀察著。媽媽告訴寶寶，他們
最真實與實用的白領成長故事，也是目前為止我所讀過的最深刻的白領生活工作的總結。看了
最早認識張曼娟，是在張清芳的CD上邊，作為一位寫詞人。細膩的文字連歌詞也寫得像情書，
紙質很差，封面也很爛，像盜版書，內容很亂，寫得不好，哆哩囉嗦
紙質差，總體只比盜版書好一點兒。
紙張的品質也不好，文字部分更是傾斜的，盜版的很不負責任，雖然不評價胡蘭成本人，但是文
紙張不好，編校品質太爛，別字連篇。內容還可以。
職場如戰場在這部小說里被闡述的淋離盡致，拉拉工作勤奮如老黃牛，但性格卻更似倔牛；王偉
只在收到的時候翻了兩下，品質還可以，內容一般
只有口號，沒有深度。雜亂無章，正是浪費我們的時間。不過可能針對的讀者對象不一樣。建議
```

首先，需要對中文評論做分詞處理，分詞工具就用 jieba 好了。

資料集分詞

```
1. import codecs
2. import jieba
3. corpus = []
4. with codecs.open(neg_data,encoding='utf-8') as f:
5.     for line in f:
6.         words = list(jieba.cut(line.replace('|','')))
7.         corpus.append(' '.join(words))
8. neg_df = pd.DataFrame()
9. neg_df['content'] = corpus
10. ncg_df['label'] = 0
```

經過分詞處理後，獲得的資料框如圖 16-1 和圖 16-2 所示。圖 16-1 所示的是部分褒義的評價。

	content	label
0	昨晚 看著 看著 就 睡著了，今天 早晨 醒來 就 立馬 抓起 繼續 啃，正逢 小……	1
1	昨天 我 把 這 套書 看 完 了，結尾 我 不是 很 喜歡 有點 太 戲劇 了，但……	1
2	昨天晚上 看 完了，此書 揭開 了 獵頭 的 神秘 面紗，將 獵頭 與 HR 的……	1
3	昨天 帶 寶寶 在 朋友 的 社區玩，有 工人 正在 植樹，寶寶 目不轉睛 地 觀……	1
4	最 真實 與 實用 的 白領 成長 故事，也 是 目前為止 我 所讀 過 的 最 深刻……	1

圖 16-1 褒義的評價

圖 16-2 所示的是部分貶義的評價。

	content	label
0	紙質 很差， 封面 也 很爛， 像 盜版書， 內容 很 亂， 寫得 不好， 咯……	0
1	紙質 差， 總體 只 比 盜版書 好 一點兒。	0
2	紙張 的 品質 也 不好，文字 部分 更是 傾斜 的，盜版 得 很 不負責任，雖……	0
3	紙張 不好， 編校 品質 太爛， 別字 連篇。 內容 還 可以。	0
4	職場 如 戰場 在 這部 小說 里 被 闡述 得 淋離盡致，拉拉 工作勤奮 如 老黃牛……	0

圖 16-2 貶義的評價

其實目前的語料庫並不完美，還應該做進一步的處理，例如去除停止詞，去除標點符號、分行符號之類的操作。但這並不是目前的重點，接下來直接用 scikit-learn 來看怎麼應用單純貝氏。

首先要把評論內容向量化，這裡直接使用 CountVectorizer。讀者可以嘗試用 TF-IDF 甚至 Word2Vec、LDA 等更加複雜的模型做文字的前置處理。

評論的向量化

```
11. from sklearn.feature_extraction.text import CountVectorizer
12. cv=CountVectorizer()
13. counts = cv.fit_transform(corpus_df['content'].values)
```

然後使用單純貝氏訓練模型。

單純貝氏

```
14. from sklearn.naive_bayes import MultinomialNB
15. classifier = MultinomialNB()
16. targets = corpus_df['label'].values
17. classifier.fit(counts, targets)
```

獲得模型後，可以做些簡單的測試來驗證模型的效果。

模型效果評估

```
18. examples = [u'這本書真差', u"這個電影還可以"]
19. example_counts = cv.transform(examples)
20. classifier.predict(example_counts)
21. # 預測結果
22. array([0, 1], dtype=int64)
```

兩個測試資料都預測正確了。但其實用單純貝氏做情感分析的效果不如在垃圾郵件分類中那麼顯著，所以把它身為基準線模型就好了。對於模型的真實效果，應該透過 k 折驗證進行評測，不過這不是本節的重點，這裡的重點是了解情感分析背後的思維。

16.2 專家解讀

貝氏的原始公式雖然看起來很簡單，但是過於抽象，如果用一些更有意義的內容取代掉符號或許會更直觀些。例如在垃圾郵件分類的場景下，貝氏機率可以看作：

$$P(class \mid mail) = \frac{P(mail \mid class)P(class)}{P(mail)}$$

- $P(class|mail)$ 叫作後驗機率。對垃圾郵件分類問題來說，就是判斷一封

郵件屬於哪一種分類，這時需要分別計算屬於每一種的機率 $P(class=ham|mail)$、$P(class=spam|mail)$，然後選擇機率最大的一種作為決策。

- $P(class)$ 叫作先驗機率。
- $P(mail)$ 叫作邊緣機率。
- $P(mail|class)$ 叫作資料的似然。

用於文字分類的單純貝氏通常有兩個版本：多項模型單純貝氏和伯努利模型單純貝氏。

伯努利分佈是指只有兩個可能結果的單次試驗，最典型的實例就是擲硬幣。將伯努利模型應用於文字問題上時，就是只關心一個詞是否出現過，而不關心出現的次數。

多項分佈是二項分佈的推廣形式，多項分佈就是每次試驗結果可能有多個，不止侷限在伯努利試驗中的兩個結果。當把多項分佈應用在文字問題上時，所關心的就是一個詞出現的次數，而不再是是否出現了。

對兩種分佈的單純貝氏相關的成分是這樣計算的，對多項分佈來説，

$$\text{先驗概率：}P(c)=\frac{\text{類 }c\text{ 下的單詞總數}}{\text{整個語料庫的單詞總數}}$$

$$\text{條件概率：}P(w|c)=\frac{\text{類 }c\text{ 下單詞 }w\text{ 在各個檔案中出現過的次數之和 }+1}{\text{類 }c\text{ 下單詞總數 }+|V|}$$

其中，V 是語料庫的詞典，$|V|$ 表示詞典中單字的數量。

對伯努利分佈來説，

$$\text{先驗概率：}P(c)=\frac{\text{類 }c\text{ 下的檔案總數}}{\text{整個訓練樣本的檔案總數}}$$

$$\text{條件概率：}P(w|c)=\frac{\text{類 }c\text{ 下包含單詞 }w\text{ 在檔案數 }+1}{\text{類 }c\text{ 下檔案總數 }+2}$$

以上過程可以幫助我們了解以伯努利和多項分佈為基礎的單純貝氏模型。單純貝氏假設特徵之間是獨立的，在文字的場景中就是一個單字的出現和其他單字是否出現完全沒有關係。雖然這種假設不正確，但是確實可以簡化模型，在實際應用尤其是垃圾郵件分類中也有不錯的效果。

16.3 程式實戰：優選健身計畫

貝氏方法提供的是一個架構，並沒有說只限定於離散型隨機變數的建模，也可以把它用在連續型隨機變數的建模上，這個時候只需要將對應特徵的機率公式進行取代就可以了。

舉例來說，有個健身館設計了兩組訓練計畫 i100、i500，健身館希望根據使用者的性別、生理條件向使用者推銷合適的訓練計畫。假設擷取到的資料集如圖 16-3 所示。

	Gender	Height	Weight	Size	Team
0	male	6.00	180	12	i100
1	male	5.92	190	11	i100
2	male	5.58	170	12	i500
3	male	5.92	165	10	i100
4	female	5.00	100	6	i500
5	female	5.50	150	8	i100

圖 16-3 健身資料集

在這份資料中，性別是離散型的變數，而身高、體重、體型都是連續型數值變數。營運方希望從這些資料中能夠學出一個模型，然後為其他使用者例如 Tom 自動地提供訓練計畫指導。那麼怎麼套用單純貝氏模型呢？

對問題進行分析可以知道，對於使用者 Tom 而言，實際上是要計算他選擇兩種訓練計畫的後驗機率，也就是要計算下面這兩個結果：

$$P(\text{Tom買i100}|\text{Tom的資料}) = \frac{P(\text{Tom的資料}|\text{Tom買i100}) \times P(\text{Tom買i100})}{P(\text{Tom的資料})}$$

$$P(\text{Tom買i500}|\text{Tom的資料}) = \frac{P(\text{Tom的資料}|\text{Tom買i500}) \times P(\text{Tom買i500})}{P(\text{Tom的資料})}$$

然後用其中最大的作為分類結果。

按照單純貝氏的假設，變數之間是沒有關係的、是獨立的，所以上面的式子可以進一步展開如下：

$$P(\text{i100}|\text{Tom}) = \frac{P(\text{i100})P(s\,|\,\text{i100})P(h\,|\,\text{i100})P(w\,|\,\text{i100})P(g\,|\,\text{i100})}{P(\text{Tom})}$$

$$P(\text{i500}|\text{Tom}) = \frac{P(\text{i500})P(s\,|\,\text{i500})P(h\,|\,\text{i500})P(w\,|\,\text{i500})P(g\,|\,\text{i500})}{P(\text{Tom})}$$

假設身高（Height）、體重（Weight）都服從正態分佈，因此它們的機率應該用下列的正態分佈公式計算：

$$f(x) = \frac{1}{\sqrt{2\pi}\sigma} e^{\frac{-(x-\mu)^2}{2\sigma^2}}$$

學習過程如下所示，首先學習各個健身方案的先驗分佈。

學習先驗分佈

```
1. n_i100 = data['Team'][data['Team'] == 'i100'].count()
2. # i500 的值
3. n_i500 = data['Team'][data['Team'] == 'i500'].count()
4. # 總行數
5. total_ppl = data['Team'].count()
```

```
6.  # i100 的值除以總行數
7.  P_i100 = n_i100*1.0/total_ppl
8.  # i500 的值除以總行數
9.  P_i500 = n_i500*1.0/total_ppl
10. print P_i100,P_i500
11.
12. # 結果
13. 0.5  0.5
```

從目前掌握的資料集上看，使用兩種訓練方案的人數沒有區別。這是從資料中獲得的先驗知識，如果資料量不夠，可以根據專家經驗或企業經驗自己調整這個先驗分佈，這也是貝氏建模所提供的便利。

接著利用下面的程式可以學習到兩種訓練方案中性別的分佈情況。

學習性別的分佈

```
14. df1 = data.groupby(['Team','Gender']).size().\
15. rename('cnt').reset_index().set_index('Team')
16.
17. df2 = pd.DataFrame(data.groupby(['Team']).size().rename('total'))
18. df3 = df1.merge(df2,left_index=True,right_index=True)
19. df3['p'] =df3['cnt'] * 1.0 /df3['total']
```

獲得如圖 16-4 所示的結果。

	Team	Gender	cnt	total	p
0	i100	female	2	5	0.400000
1	i100	male	3	5	0.600000
2	i500	female	2	3	0.666667
3	i500	male	1	3	0.333333

圖 16-4 性別的分佈

對於身高、體重、體型這些連續型數值變數，可以假設它們都服從正態分佈，因此需要計算各自的平均值和標準差以便於計算機率。先計算 3 個變數的分組平均值。

計算 3 個變數的平均值

```
20. # 資料分組，計算平均值
21. data_means = data.groupby('Team').mean()
22. # 檢視平均值
23. data_means
```

3 個變數的平均值如圖 16-5 所示。

Team	Height	Weight	Size
i100	5.818000	167.000000	10.000000
i500	5.333333	133.333333	8.333333

圖 16-5 3 個變數的平均值

再計算 3 個變數的方差。

計算 3 個變數的方差

```
24. # 資料分組，計算方差
25. data_variance = data.groupby('Team').var()
26. # 檢視方差
27. data_variance
```

3 個變數的方差如圖 16-6 所示。

Team	Height	Weight	Size
i100	0.039920	320.000000	2.500000
i500	0.089733	1233.333333	10.333333

圖 16-6 3 個變數的方差

把各種要素儲存下來。

儲存各種要素

```
28. # 計算需要的平均值方差
29. # i100 的平均值
30. i100_height_mean = data_means['Height'][data_means.index == 'i100'].
    values[0]
31. i100_weight_mean = data_means['Weight'][data_means.index == 'i100'].
    values[0]
32. i100_size_mean = data_means['Size'][data_means.index == 'i100'].alues[0]
33. # i100 的方差
34. i100_height_variance = data_variance['Height'][data_variance.index ==
    'i100'].values[0]
35. i100_weight_variance = data_variance['Weight'][data_variance.index ==
    'i100'].values[0]
36. i100_size_variance = data_variance['Size'][data_variance.index ==
    'i100'].
    values[0]
37. # i500 的平均值
38. i500_height_mean = data_means['Height'][data_means.index == 'i500'].
    values[0]
39. i500_weight_mean = data_means['Weight'][data_means.index == 'i500'].
    values[0]
40. i500_size_mean = data_means['Size'][data_means.index == 'i500'].
    values[0]
41. # i500 的方差
42. i500_height_variance = data_variance['Height'][data_variance.index ==
    'i500'].values[0]
43. i500_weight_variance = data_variance['Weight'][data_variance.index ==
    'i500'].values[0]
44. i500_tsize_variance = data_variance['Size'][data_variance.index ==
    'i500'].values[0]
```

所有的基本要素都準備完畢後，接下來定義兩個輔助方法，針對不同的變數分別計算其條件機率。

對離散型變數計算其條件機率。

計算離散變數的條件機率

```
45. def p_x_given_y_1(team,gender):
46.     return df3['p'][df3['Team'] == team][df3['Gender']== gender].
    values[0]
```

對於正態分佈的連續變數計算其條件機率。

計算連續變數的條件機率

```
47. def p_x_given_y_2(x, mean_y, variance_y):
48.     # 把參數代入機率密度公式
49.     p = 1/(np.sqrt(2*np.pi*variance_y)) * np.exp((-(x-mean_y)**2)/
        (2*variance_y))
50.     return p
```

現在，所有的準備工作都完成後，就可以投入使用了。假設新使用者 Tom 的基本資料如下：

	Height	Weight	Size	Gender
Tom	6	130	8	female

可以用下面的方法計算其符合 i100 的機率。

計算後驗機率 1

```
51. P_i100 * p_x_given_y_1('i100',person['Gender'][0]) * \
52. p_x_given_y_2(person['Height'][0], i100_height_mean, i100_height_
    variance) * \
53. p_x_given_y_2(person['Weight'][0], i100_weight_mean, i100_weight_
    variance) *  \
54. p_x_given_y_2(person['Size'][0], i100_size_mean, i100_size_variance)
```

獲得的結果是 9.815 927 236 658 199e-05。

然後計算其符合 i500 的機率。

計算後驗機率 2

```
55. P_i500 * p_x_given_y_1('i500',person['Gender'][0]) *\
56. p_x_given_y_2(person['Height'][0], i500_height_mean, i500_height_
    variance) * \
57. p_x_given_y_2(person['Weight'][0], i500_weight_mean, i500_weight_
    variance) * \
58. p_x_given_y_2(person['Size'][0], i500_size_mean, i500_size_variance)
```

獲得的結果是 3.905 915 801 245 816 6e-05。

比較兩個結果，Tom 目前更適合 i100 這個訓練方案。

16.4 小結

單純貝氏是貝氏建模中最簡單的一種方法，它的「單純」就在於它假設每個特徵都是獨立的，在真實資料中這其實是不正確的，但這並不妨礙它在某些應用上取得不錯的效果。另外，單純貝氏相當於一個架構，對於每個特徵，只要其分佈函數已知，就能應用這個方法來建模。

最後，請大家思考一下：貝氏分類方法和其他的分類方法（如邏輯回歸）有什麼區別？

Chapter 17

進一步體會貝氏

貝氏公式本身很簡單，但了解背後的思維是需要一定努力的。它是貝氏機率圖模型的基礎，這註定了它不像看起來那麼簡單。

17.1 案例：這個機器壞了嗎

透過一個實例來體會一下貝氏思維。

假設工廠裡有一個製造手機的機器，有一天你發現了一些壞產品，你想知道是不是因為機器出現了問題才造成的。你可以請原廠的工程師來檢修機器，但那會造成停工，而且費用不低。你也可以徹查每一部手機，但是你用的檢查方法是破壞性的。那到底該檢查多少手機才能獲得可信的結論呢？有沒有什麼方法只用少量的手機就可以估計機器是否正常執行呢？

可以試試貝氏公式。要想建立貝氏模型，需要知道兩件事情：先驗分佈和似然率。

先驗分佈就是我們對於機器狀態的初始信心。可以用一個隨機變數來描述機器的狀態，這個隨機變數有兩個值（好的和壞的）。首先根據經驗認為這個機器很可能是好的，是能正常執行的。不妨選擇這樣的先驗分佈：

$$P\{M=\text{good}\}=0.99$$

$$P\{M=\text{bad}\}=0.01$$

這裡用 99% 的好和 1% 的壞表示對機器正常的信心很足，由於沒有很多機器，所以這個資訊可以從裝置提供商、同產業夥伴或工程師那裏請教獲得。

需要知道的第二件事是 phone，它代表由這個機器生產的手機狀態。手機可能是好的，也可能是壞的，所以 phone 也包含兩個狀態。

要使用貝氏公式，還需要知道條件機率。或說，需要知道在機器好和機器壞兩種情況下，它們生產出一部壞手機的機率。

所以我們要知道這兩種情況下的機率。假設有這樣的資料：

機器好的時候
- **生產出壞手機的機率：0.01**
- **生產出好手機的機率：0.99**

機器壞的時候
- **生產出壞手機的機率：0.6**
- **生產出好手機的機率：0.4**

根據常識，一個好的機器也難免出些次品，只不過機率會小些。壞機器生產出次品的機率會更大些。

現在，貝氏公式需要的條件已經完整了，可以嘗試應用它來回答最初的問題了。

假設現在拿了一個手機，發現它是壞的，那麼這個機器壞了的機率是多少呢？

其實這個問題是要回答 $P\{M\!=\!\text{bad} \mid phone\!=\!\text{bad}\}$ 這個問題。

根據貝氏公式，要這麼計算：

$$P\{M = \text{bad} \mid phone = \text{bad}\} = \frac{P\{phone = \text{bad} \mid M = \text{bad}\} \times P\{M = \text{bad}\}}{P\{phone = \text{bad}\}}$$

公式的分母根據全機率公式可以展開成：

$$P\{phone = \text{bad}\} = P\{phone = \text{bad} \mid M = \text{bad}\}P\{M = \text{bad}\} + P\{phone = \text{bad} \mid M = \text{fine}\}P\{M = \text{fine}\}$$

把所有的數字帶進去，會獲得：

$$P\{M = \text{bad} \mid phone = \text{bad}\} = \frac{0.6 \times 0.01}{0.6 \times 0.01 + 0.01 \times 0.99} \approx 0.38$$

獲得的結果說明，機器壞了的機率是 38%，這個值並不高，很符合我們的預判。因為畢竟只看到了一個壞手機，說明不了什麼問題，有可能以後的都是好的。

但如果又抽查了一個手機，發現它還是壞的，那麼結論會有什麼變化呢？透過下面的程式，我們可以模擬這個過程。

模擬貝氏

```
1.  posterior = []
2.  prior = np.array([[ 0.01 ,0.99]])
3.  likelihood = np.array([[0.99,0.6],[0.4,0.01]])
4.  for i in range(10):
5.      post = prior * likelihood[:,1] /float(np.sum(prior * likelihood[:,1]))
6.      posterior.append(post[0,:])
7.      prior = post
```

在這段程式中，我們首先定義了機器狀態的先驗分佈（prior），接著定義了資料的似然機率。接下來的 for 循環會計算當看見一個壞手機時機器狀態的後驗分佈。然後把這個後驗分佈當作新的先驗分佈，不斷循環。

獲得的結果如圖 17-1 所示。

	machine=bad	machine=good
1	0.377	6.226e–01
2	0.973	2.676e–02
3	1.000	4.581e–04
4	1.000	7.639e–06
5	1.000	1.273e–07
6	1.000	2.122e–09
7	1.000	3.537e–11
8	1.000	5.894e–13
9	1.000	9.8.24e–15
10	1.000	1.6.37e–16

圖 17-1 後驗機率的變化

如果用圖表示就是如圖 17-2 所示。

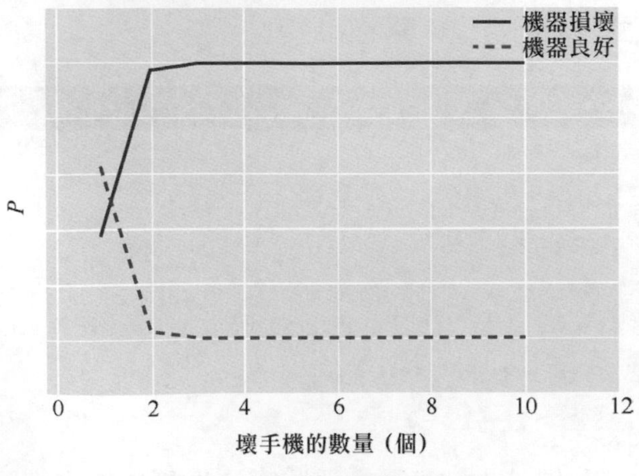

圖 17-2 後驗機率變化曲線

當演算法看到第一個壞手機時，它其實遲疑了一下，它會覺得就一個壞手機不足以證明機器壞了，所以列出機器壞的機率比較低。但隨著看到的壞手機數量的增多，機器損壞的機率急劇上升。當看到第二個壞手機時，模型就會認為機器有 97.3% 的可能是壞的。當看到第三個壞手機時，基本上就百分百斷定機器是壞的了。

17.2 專家解讀：從貝氏到線上學習

從上面這個實例可以看到，貝氏模型其實極佳地模擬了人們的認知過程。開始時人們對事物的情況一無所知，於是就會跟風，有個隨大流的認識，但是每當看到一個實例時，會立刻修正之前的認識。看到的實例越多，人們的認識越接近事物的真實情況。透過貝氏方法我們可以很自然地匯出線上學習模型。

工程應用上有一種時髦的學習方法──線上學習。傳統的機器學習方法都屬於離線學習，工程師線上下訓練好模型拿到線上應用，然後再訓練新的模型，再取代線上模型。兩個模型之間會有一定的時間間隔，可能 1 周，也可能 1 天，在這個間隔內線上模型其實是靜態不變的。

電子商務應用會有這樣的場景，電子商務們經常會搞些「剁手」節。這些節日當天會有非常大的流量，而且消費模式也會跟非節日有所不同。如果模型都是離線的，那麼非節日的模型和節日模型不一定能符合，所以希望能夠有一種線上的模型，這個模型能夠根據資料流程即時地進行學習，這就是所謂的線上學習。

在前一個實例中，貝氏方法是這樣做的：

（1）指定參數先驗機率；
（2）根據資料回饋計算後驗機率；
（3）將其作為下一次預測的先驗機率；
（4）然後再根據回饋計算後驗機率，如此反覆。

所以，貝氏方法可以很自然地匯出線上學習模型，例如微軟的 Bing 所使用的 BPR 就是其中的典型案例。關於線上學習本書不多作說明，有興趣的讀者可以自行尋找相關資料。

Chapter 18

取樣

最大似然估計法和貝氏法都能做參數估計，兩種方法可以看作兩個學派對同一個問題的不同解決方案。

兩種方法不是萬能的，都有無能為力的時候。舉例來說，最大似然估計法學習參數的過程是這樣的：對機率建模，寫出似然函數，讓似然函數值取最大，最後獲得分佈的參數值。

使用最大似然估計法的前提條件是能夠對機率建模，即能夠寫出機率的函數形式。例如拋硬幣試驗是伯努利試驗，其機率密度函數是已知的，所以可以用最大似然估計的方法進行參數學習，最後獲得 $P=\frac{n}{N}$ 的結論。

考慮更一般的場景，不知道資料分佈的類型（即不知道機率密度函數），又或資料的分佈是很複雜的分佈（非常複雜的機率密度函數），這時最大似然估計法就有心無力了。

是否有其他方法獲得分佈的參數呢？答：可以用取樣的方法估計參數！

貝氏方法做參數估計時也有其為難之處，這裡就不再介紹了。

18.1 貝氏模型的困難

貝氏公式本身很簡單，當把它用在建模上時，公式如下：

$$P(\theta \mid D)=\frac{P(D \mid \theta)P(\theta)}{P(D)}$$

$P(D|\theta)$ 是在確定了參數之後資料 D 的似然，把它和參數 θ 的先驗機率 $P(\theta)$ 相乘，然後除以歸一化因數 $P(D)$。對於用單純貝氏解決文字分類這樣的問題，可以簡單地把分母 $P(D)$ 忽略掉。如果分母不能忽略呢？

如果分母不能忽略，那對於 $P(D)$ 的計算就是這樣的：

$$P(D)=\int P(D \mid \theta)\mathrm{d}\theta$$

這是個積分式子，需要把參數 θ 的所有可能性透過積分的方式消掉。這正是貝氏方法的困難所在。即使對於一些簡單的模型，這種積分都很難求解，甚至不可求。

好，既然不能直接從公式計算獲得後驗分佈，那能不能用些神奇的方法估計它呢？舉例來說，如果我們能夠從後驗分佈中取樣就好了。很不幸的是，要想直接從後驗分佈中取樣，不僅需要先把貝氏公式解出來，而且還要求其反函數，沒有最難，只有更難。

好，一個聰明人提出，是不是可以建置一個可檢查的馬可夫鏈，讓它的平穩分佈就是後驗分佈，不就好了嗎？

幸運的是，這件事做起來沒有聽起來那麼難。事實上這也是目前一種通用的解決參數估計的演算法。

18.2 程式實戰：拒絕取樣

Python 的工具套件提供了一些取樣方法，例如均勻取樣、正態分佈取樣，這些方法都是從某種特定的分佈中取樣。現在要面對的是更一般的問題。舉例來說，要從一個圓內均勻取樣，怎麼做呢？

先看第一種方法。

首先，產生兩個亂數，一個代表角度、一個代表半徑，然後根據角度和半徑計算點的座標。

取樣演算法

```
1. X = []
2. Y=[]
3. for i in range(1000):
4.     theta = 2 * random.random() * math.pi
5.     r= random.random() * 5
6.     x=math.cos(theta)* r +5
7.     y=math.sin(theta)* r + 5
8.     X.append(x)
9.     Y.append(y)
```

程式解讀：

- 第 4 行是隨機取樣一個角度；
- 第 5 行是隨機取樣一個半徑；
- 第 6、7 行是根據角度和半徑計算點的座標。

把取樣結果用圖顯示出來。

繪製取樣結果

```
10. plt.figure(figsize=(6,6))
```

```
11. plt.scatter(X,Y)
12. plt.axis([0, 10, 0, 10])
```

結果如圖 18-1 所示。

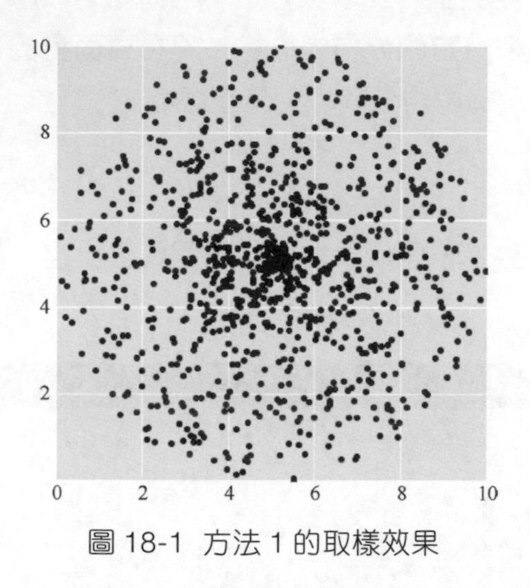

圖 18-1 方法 1 的取樣效果

讀者應該能看得出來，用這種方法採到的樣本在圓心附近比較密集，越往外越稀疏，所以這個取樣方法獲得的並不是一個均勻分佈的樣本。

換一種取樣方式。這次的想法是先找到這個圓的外接正方形，然後在這個正方形裡隨機產生點，檢查產生的點是否落在圓內，進一步決定是接受還是拒絕這個點。

拒絕取樣

```
1. X = []
2. Y=[]
3. for i in range(1000):
4.     x=random.randint(0,10)+random.random()
5.     y=random.randint(0,10)+random.random()
6.     if ((x-5)**2 + (y-5)**2) >25:
7.         print 'Reject ({0},{1})'.format(x,y)
```

```
8.      else :
9.          X.append(x)
10.         Y.append(y)
```

程式解讀：

- 第 4、5 行是在外接正方形內取樣；
- 第 6 行是看這個點是否落在圓內。

在這種方式下，採到的樣本會有一部分被拋棄，可以看看留下來的樣本。

取樣效果

```
11. len(X)
12. # 648
13. plt.figure(figsize=(6,6))
14. plt.scatter(X,Y)
15. plt.axis([0, 10, 0, 10])
```

可以看到，1000 個取樣樣本中有 352 個樣本被拒絕了。再看樣本分佈的效果，如圖 18-2 所示。

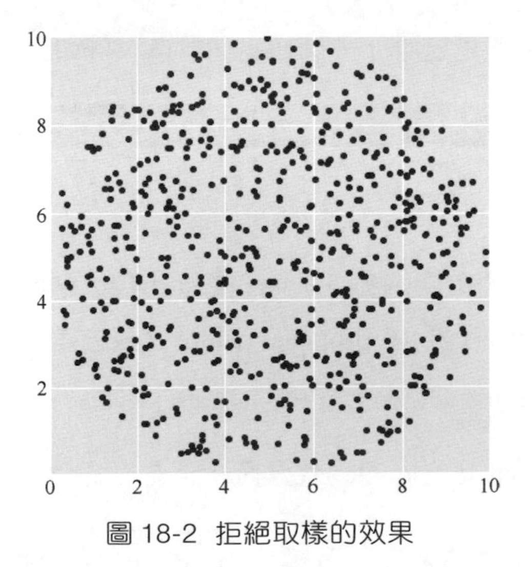

圖 18-2 拒絕取樣的效果

顯然，這回的取樣結果要均勻得多。

透過這個實例可以知道，在對一個複雜的分佈 $f(x)$ 取樣時，如果這個分佈不容易直接取樣，可以先找一個比較容易取樣的分佈 $g(x)$，令 $g(x)$ 是 $f(x)$ 的上界。當採到的樣本落在 $f(x)$ 內部時，則接受該樣本，否則拒絕該樣本。在從圓中均勻取樣這個問題中，$f(x)$ 是那個圓，$g(x)$ 是圓的外接正方形。

如果把這個方法進一步泛化，是否可以用來解決一般分佈的抽樣問題呢？不妨再來看個實例。

18.3 程式實戰：MH 取樣

接下來這個實例要用取樣的方法估計分佈的參數。為了讓問題簡化，先產生一批平均值為 0、方差為 1 的正態分佈資料樣本。然後根據這些資料來估計參數 μ。其實就是求 $P(\mu|D)$，即根據資料求參數 μ 的後驗分佈。

開始時，可以先隨便指定給 μ 一個初始估計值，例如 1。

產生正態分佈的測試資料

```
1.  data = np.random.randn(200)
2.  mu_current = 1.
```

接下來，要用取樣的方法調整 μ。MH 演算法是這麼做的，它會從一個正態分佈（mu_current 代表 μ，proposal_width 代表方差 σ）中取樣：

```
3.  proposal = norm(mu_current, proposal_width).rvs()
```

取樣獲得的 proposal 是對 μ 的調整建議，但是否採納這個建議，需要計算一個拒絕率或接受率。

為了判斷目前建議的這個新參數是否可更進一步地解釋目前的資料，需要一個量化的指標，這個指標的計算過程如下：

計算接受率指標

```
1. # 資料的似然
2. likelihood_current = norm(mu_current, 1).pdf(data).prod()
3. likelihood_proposal = norm(mu_proposal, 1).pdf(data).prod()
4. # 目前 mu 和新的 mu 的先驗機率
5. prior_current = norm(mu_prior_mu, mu_prior_sd).pdf(mu_current)
6. prior_proposal = norm(mu_prior_mu, mu_prior_sd).pdf(mu_proposal)
7. # 資料的似然乘以參數的先驗機率
8. p_current = likelihood_current * prior_current
9. p_proposal = likelihood_proposal * prior_proposal
10. p_accept = p_proposal / p_current
```

如果接受率符合要求，則接受這個調整建議，即用新的 μ 取代之前的 μ：

```
11.accept = np.random.rand() < p_accept
12. if accept:
13.     # 更新參數
14.     cur_pos = proposal
```

反覆執行上面的幾個步驟，最後獲得的結果就是從後驗分佈中採到的樣本。這個過程中最重要的指標是接受率，接受率公式的推導過程如下：

$$accept \cdot ratio = \frac{\frac{P(x \mid \mu)P(\mu)}{P(x)}}{\frac{P(x \mid \mu_0)P(\mu_0)}{P(x)}} = \frac{P(x \mid \mu)P(\mu)}{P(x \mid \mu_0)P(\mu_0)}$$

把前面的程式封裝成一個方法，如下所示，其中的核心程式之前都已經解釋過了。

取樣方法

```
1.  def sampler(data, samples=100, mu_init=0.2,
2.              proposal_width=0.1, plot=False,
3.              mu_prior_mu=0, mu_prior_sd=1.):
4.      mu_current = mu_init
5.      posterior = [mu_current]
6.      for i in range(samples):
7.          # 取樣獲得新的參數值
8.          mu_proposal = norm(mu_current, proposal_width).rvs()
9.          # 資料的似然
10.         likelihood_current = norm(mu_current, 1).pdf(data).prod()
11.         likelihood_proposal = norm(mu_proposal, 1).pdf(data).prod()
12.
13.         # 目前 mu 和新的 mu 的先驗機率
14.         prior_current = norm(mu_prior_mu, mu_prior_sd).pdf(mu_current)
15.         prior_proposal = norm(mu_prior_mu, mu_prior_sd).pdf(mu_proposal)
16.         # 資料的似然乘以參數的先驗機率
17.         p_current = likelihood_current * prior_current
18.         p_proposal = likelihood_proposal * prior_proposal
19.
20.         # 是否接受更新建議
21.         p_accept = p_proposal / p_current
22.
23.         # 簡化分母的計算
24.         accept = np.random.rand() < p_accept
25.
26.         if accept:
27.             # 更新參數
28.             mu_current = mu_proposal
29.
30.         posterior.append(mu_current)
31.
32.     return posterior
```

對於列出的資料，可以用預設參數來試驗一下，做 5 次取樣。

```
sampler(data,samples=5)
```

獲得的結果如下：

```
[0.2,
 0.2,
 0.01036220016440495,
 0.01730246672426552,
 0.01730246672426552,
 0.01730246672426552]
```

讀者會發現最後的結果已經接近正確結果 0，當然還會有一些誤差存在。

18.4 專家解讀：拒絕取樣演算法

若有一個很複雜的機率分佈，複雜到甚至無法寫出解析式，而我們手頭只有一些簡單的分佈，例如二項分佈、高斯分佈等，是否可以利用簡單分佈的取樣獲得複雜分佈的樣本，進而估計出複雜分佈的參數呢？

拒絕取樣演算法提供我們一種解決想法，該演算法的基本思維如下：

（1）要從一個複雜的分佈中取樣，首先，找到一個簡單的分佈 $q(z)$，例如均勻分佈、高斯分佈。

（2）然後把簡單分佈 $q(z)$ 乘以係數 k，示意圖如圖 18-3 所示。

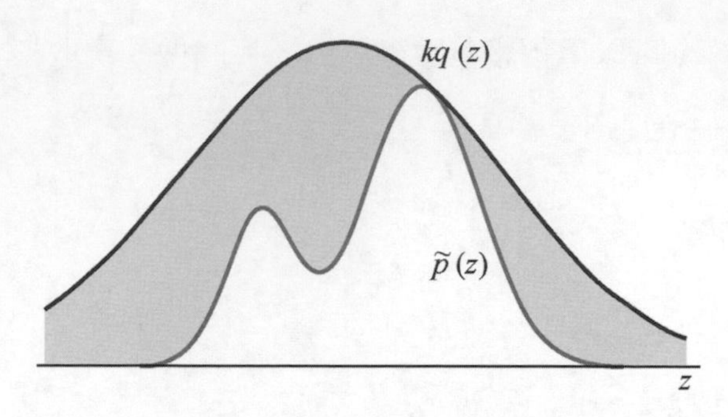

圖 18-3 拒絕取樣演算法（1）

（3）取樣獲得 z_0 並計算出 $kq(z_0)$，就是圖 18-4 中的那個小數點。

（4）以 $[0,kq(z_0)]$ 為界產生一個均勻分佈的亂數 u_0。

（5）如果數字落在下面那個空白區間，就接受這個樣本，否則就拒絕這個樣本，如圖 18-4 所示。

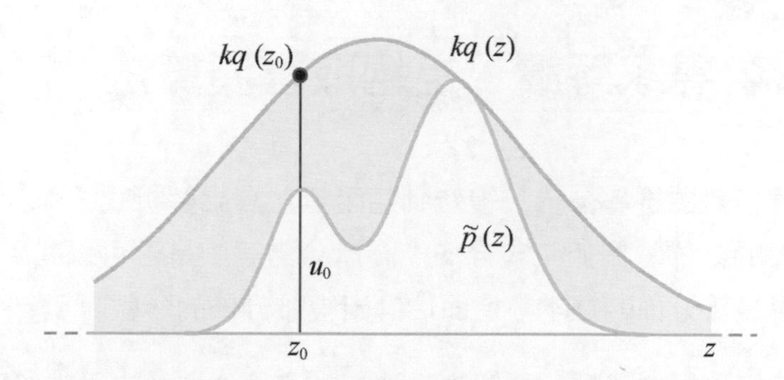

圖 18-4 拒絕取樣演算法（2）

這是拒絕取樣演算法的整體想法架構，將其完成到一個實際的演算法上，看看實際怎麼操作。

18.4.1 MH 演算法

假設在時刻 t，採到 $f(x)$ 的樣本 x_t，然後根據下面的策略採下一個樣本 x_{t+1}。

（1）從分佈 $g(x|x_t)$ 中取樣 x_{t+1}。

（2）計算 M-H 率：

$$R\left(x_{t+1},x_t\right)=\frac{f\left(x_{t+1}\right)g(x_t\mid x_{t+1})}{f\left(x_t\right)g(x_{t+1}\mid x_t)}$$

（3）從均勻分佈中取樣 t，如果 $p(t)\leqslant R(x_{t+1}, x_t)$，則保留 x_{t+1} 作為時刻 $t+1$ 的取樣結果，否則這個取樣被拒絕且捨棄。

（4）重複上面過程，最後獲得的序列收斂於 $f(x)$ 分佈。

重點是看 $R(x_{t+1}, x_t)$，如果這個數字大於等於 1，表示這個取樣 x_{t+1} 一定會被接受；不然就是以一定的機率接受。所以接受機率可以這樣定義：

$$R(x_{t+1},x_t)-\min\left\{1,\frac{f(x_{t+1})g(x_t\mid x_{t+1})}{f(x_t)g(x_{t+1}\mid x_t)}\right\}$$

18.4.2 馬可夫鏈和細緻平穩條件

對於一個隨機過程，如果時刻 $t+1$ 的狀態僅依賴於前一個時刻 t 的狀態，這樣的隨機過程就是馬可夫隨機過程。假設它的狀態有 n 個，用 1~n 表示。記在時刻 t 位於 i 狀態，在 $t+1$ 時刻位於 j 狀態的機率為 $p(i, j)=p(j|i)$。

馬可夫隨機過程有一個很好的結論，即使初始分佈狀態不同，經過許多次反覆運算後，最後會穩定收斂在某個分佈上。最後這個平穩分佈取決於狀態傳輸機率矩陣 $\boldsymbol{P}$，而非初始狀態。

MH 取樣演算法其實是從馬可夫隨機過程受到很大的啟發：對於某機率分佈 π，如果能夠獲得一個收斂到機率分佈 π 的馬可夫狀態傳輸矩陣 $\boldsymbol{P}$，則經過有限次反覆運算後，一定可以獲得機率分佈 π。

於是問題變成如何建置狀態傳輸機率矩陣 $\boldsymbol{P}$ 了，人們從平穩分佈中抽象出細緻平穩條件：

$$\pi(i)p(i,j)=\pi(j)p(j,i),\forall i,j$$

$p(i, j)$ 是機率傳輸矩陣的第 i 行第 j 列，即前一個狀態為 i 時，下一個狀態為 j 的機率，也就是條件機率 $p(j|i)$。

對任意兩個狀態 i、j，若從 i 傳輸到 j 的機率和從 j 傳輸到 i 的機率相等，那可以直觀地了解成每一個狀態是平穩的。

18.4.3 細緻平穩條件和接受率的關係

假設能找到一個滿足細緻平穩條件的傳輸機率矩陣 $\boldsymbol{P}$，那麼經過有限次反覆運算後，不管初始分佈是什麼樣的，最後都可以獲得一個平穩分佈。這是馬可夫告訴我們的。

但問題是，如果隨便弄一個傳輸機率矩陣 $\boldsymbol{Q}$，通常是不能滿足平穩細緻條件的，即 $p(i)q(i,j)\neq p(j)q(j,i)$。最後可能無法收斂到一個平穩分佈。

怎麼辦呢？為了讓不等式變成等式，我們可以做些「手腳」，在兩邊都乘上些內容，進一步讓不等式變成等式，透過引用因數 α，使得下面的等式成立：

$$p(i)q(i,j)\alpha(i,j)=p(j)q(j,i)\alpha(j,i)$$

其中：

$$\begin{cases}\alpha(i,j)=p(j)q(j,i)\\ \alpha(j,i)=p(i)q(i,j)\end{cases}$$

讓 $\alpha(j, i)=1$，則有：

$$\alpha(i,j)=\frac{p(j)q(j,i)}{p(i)q(i,j)}$$

這個公式本身結果可能大於 1。為了符合對機率的認識，規定：

$$\alpha(i,j)=\min\left\{\frac{p(j)q(j,i)}{p(i)q(i,j)},1\right\}$$

這其實就是之前一直在使用的接受率。

18.5 專家解讀：從 MH 到 Gibbs

在 MII 演算法中，我們需要先找到一個簡單分佈 $q(z)$，然後還要有個係數 k。能不能再簡單些呢？

繼續換個想法，假設一個二維的隨機變數 (X, Y)，現在固定 $X=x$ 不變，只檢查 Y 從 t 時刻的 y_1 變到 t+1 時刻的 y_2，這時平穩細緻條件可以這麼表述：

$$p(x_1,y_1)p(y_1\rightarrow y_2)=p(x_1,y_2)p(y_2\rightarrow y_1)$$

其中 $p(y_1\rightarrow y_1)$ 就是從 y_1 到 y_2 的傳輸機率。把前面一項按照聯合機率公式展開：

$$p(x_1)p(y_1\mid x_1)p(y_1\rightarrow y_2)=p(x_1)p(y_2\mid x_1)p(y_2\rightarrow y_1)$$

兩邊的 $p(x_1)$ 可以消去：

$$p(y_1\mid x_1)p(y_1\rightarrow y_2)=p(y_2\mid x_1)p(y_2\rightarrow y_1)$$

為了讓等式成立，我們使用相同的技巧，令：

$$\begin{cases} p(y_1 \to y_2) = p(y_2 \mid x_1) \\ p(y_2 \to y_1) = p(y_1 \mid x_1) \end{cases}$$

同樣，固定不變，也可以獲得關於對偶 X 的結論。這就是著名的取樣，它是一種特殊的 MCMC 取樣。在 LDA 中就是用這種方法來學習參數的。

對高維向量 X 來說，取樣的做法如下：

（1）首先，隨機初始化分佈 $(X_1, X_2, \cdots, X_n) = (x_1, x_2, \cdots, x_n)$；

（2）對 t=1,2,⋯，循環取樣直到收斂 $\begin{cases} x_1^{(t+1)} = p(x_1 \mid x_2^{(t)}, x_3^{(t)}, \cdots, x_n^{(t)}) \\ x_2^{(t+1)} = p(x_2 \mid x_1^{(t+1)}, x_3^{(t)}, \cdots, x_n^{(t)}) \\ \vdots \\ x_n^{(t+1)} = p(x_n \mid x_1^{(t+1)}, x_2^{(t+1)}, \cdots, x_{n-1}^{(t+1)}) \end{cases}$。

如果把 Gibbs 取樣和之前的 MH 演算法比較，會發現最大的改進是不用 $q(z)$ 了，可以直接從資料中進行學習，這就是 Gibbs 取樣的好處。

18.6 小結

本章高度概括地介紹了貝氏建模中的取樣方法，主要介紹了 MH 演算法和 Gibbs 取樣。這些演算法的通用性很強，具有很好的性質，只是並不是那麼容易了解的。

第三篇
最佳化

在「線性代數」篇，我們使用聯立方程式的形式對問題建模；在「機率」篇，我們使用最大似然思維對問題建模。這兩種方法還僅停留在問題的建模階段。

接下來我們要求出方程組的解、似然函數的解。遺憾的是，對於真實世界中的問題，很多都沒有數值解。我們要在明知無解的情況下硬著頭皮找到一個「最佳解」。於是，所有的人工智慧模型最後幾乎都轉化成求解一個能量 / 損失函數的最佳化問題，這就要用到最佳化論。

Chapter 19

梯度下降演算法

前面介紹了什麼是回歸問題，也介紹了分類問題。回歸問題從線性代數的角度可以看作一個解方程組的問題，從機率的角度是似然函數取極大值的問題。兩者雖然數學角度不同，但最後殊途同歸、完全相等。其實前面這些內容都是在討論建模的方法，模型建立起來後，如何求解這個模型，這屬於最佳化的範圍。

雖然之前的章節已經列出了方程組的解析解形式，但是在工程中尤其在大數據環境下直接套公式求解是不可能的，因為公式中有方陣求逆操作，而有的問題也不是線性方程組的簡單形式，這時就是最佳化論大顯身手的時候了。所以，請讀者先弄清楚「線性代數」、「機率論」、「最佳化論」三門數學課程之間的關係，前兩門是建模，後一個是求解。

所謂最佳化，就是説在無法獲得問題的解析解的時候，退而求其次找到一個最佳解。當然，需要提前定義好什麼是最佳，就好像足球比賽之前得先定義好比賽規則一樣。

通常的做法是想辦法建置一個損失函數，然後找到損失函數的最小值進行求解。

梯度下降演算法是最經典的求解演算法，接下來透過實際的範例來體會。

19.1 程式實戰：梯度下降演算法

首先，產生一些測試資料。

產生資料

```
1.  from sklearn.datasets import make_regression
2.  X,y =make_regression(n_samples=100, n_features=3)
3.  y=y.reshape((-1,1))
```

然後來看看資料的樣子，如圖 19-1 所示。

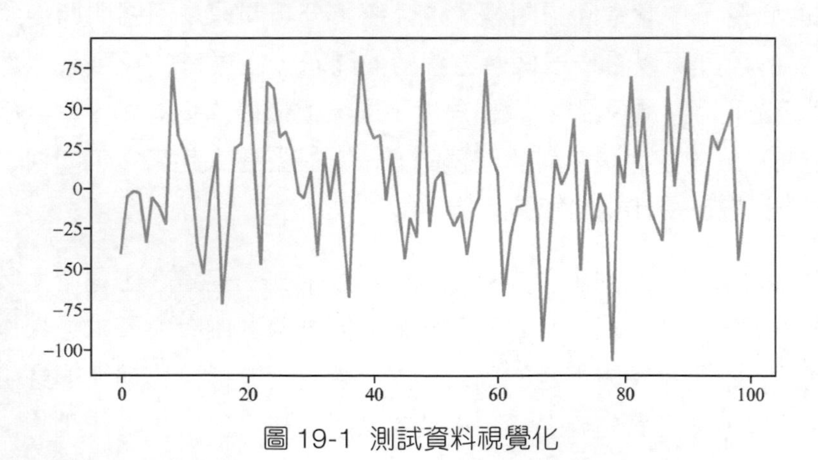

圖 19-1 測試資料視覺化

對這份資料，我們先用 scikit-learn 提供的回歸模型建模，然後看看擬合效果。

用 scikit-learn 做回歸建模

```
4.  from sklearn.linear_model import LinearRegression
5.  model = LinearRegression()
```

```
6.  model.fit(X,y)
7.  y_pred_sk = model.predict(X)
8.  plt.figure(figsize=(18,9))
9.  plt.plot(y,alpha=0.3,linewidth=10,color=colors[1])
10. plt.plot(y_pred_sk,color=colors[9],linewidth=3)
```

模型擬合的結果如圖 19-2 所示。

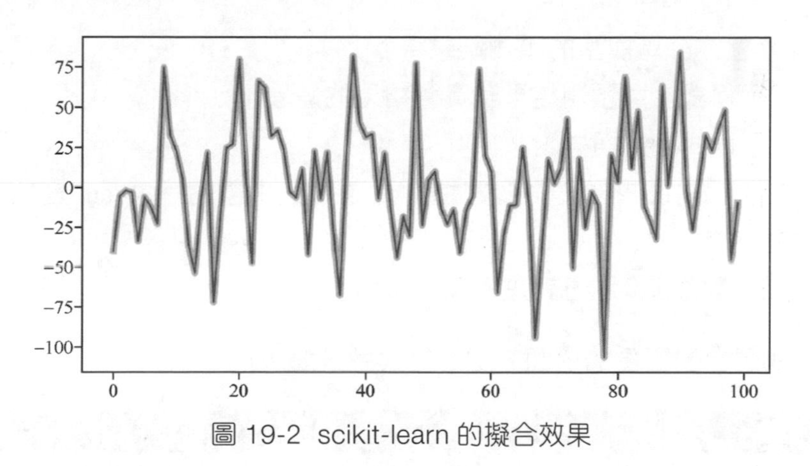

圖 19-2 scikit-learn 的擬合效果

可以看到，透過 scikit-learn 獲得的結果還是不錯的。如果我們自己寫段程式能達到什麼樣的效果呢？

梯度下降

```
1.  def gd(X, y, theta, l_rate, iterations):
2.      """
3.      gd performs gradient descent to learn theta by
4.      taking iterations gradient steps with learning rate l_rate
5.      """
6.      cost_history = [0] * iterations
7.      m = X.shape[0]
8.      for epoch in range(iterations):
9.          y_hat = X.dot(theta)
10.         loss = y_hat - y
```

```
11.         gradient = X.T.dot(loss)/m
12.         theta = theta - l_rate * gradient
13.         cost = np.dot(loss.T,loss)
14.         cost_history[epoch] = cost[0,0]
15.     return theta, cost_history
```

這段程式實現了標準的梯度下降演算法，其關鍵點如下；

- 第 9 行程式計算模型的預測結果；
- 第 10 行程式計算預測結果和真實結果的差異；
- 第 11 行程式計算損失函數梯度；
- 第 12 行程式根據梯度對參數進行更新，其中學習率 l_rate 是超參數，需要提前提供；
- 第 13 行程式計算均方誤差損失函數值。

然後用我們自己實現的這個方法進行模型訓練。

梯度下降學習過程

```
16. theta = np.random.rand(X.shape[1],1)
17. iterations = 100
18. l_rate =0.1
19. theta,cost_history = gd(X,y,theta,l_rate,iterations)
```

訓練之後，看看獲得的參數。

```
20. theta.T
21. array([[36.11316642,  6.14186562,  9.65739371]])
```

對照以下用 scikit-learn 學習到的參數。

```
22. model.coef_
23. array([[36.11462072,  6.14293449,  9.65648123]])
```

可以發現兩種方法學習到的參數相差無幾，再看擬合曲線的效果，我們需要自行建立一個預測方法。

預測方法

```
24. def predict(X,theta):
25. return np.dot(X,theta)
```

來看看效果。

```
26. y_predict = predict(X,theta)
27. plt.figure(figsize=(18,9))
28. plt.plot(y,alpha=0.3,linewidth=10,color=colors[1])
29. plt.plot(y_predict,color=colors[9],linewidth=3)
```

自行建立的學習模型擬合效果如圖 19-3 所示，和 scikit-learn 的圖 19-2 相差無幾。

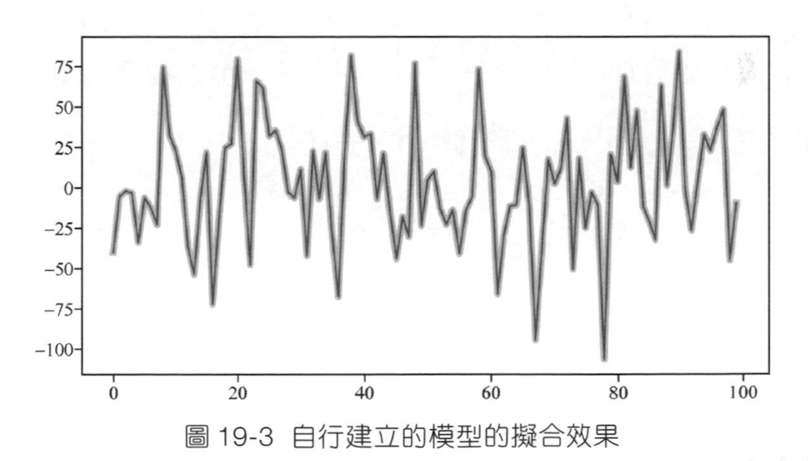

圖 19-3 自行建立的模型的擬合效果

為什麼會這麼好？

19.2 專家解讀：梯度下降演算法

19.1 節的程式實現了著名的梯度下降演算法。這個演算法在工程中具有非常廣泛的應用，從線性回歸到深度學習都在採用這個演算法，所以它是一個成批次解決問題的方法。

回顧前面的內容，機器學習解決問題的整體想法就是先對問題建模，然後設計損失函數，透過尋找讓損失函數值最小的方式來找到模型的解。所以核心問題就是尋找函數的最小值。

數學上是透過尋找駐點的方法來找函數極值點的。所謂駐點就是使函數一階導數為 0 的點。但是一階導數為 0 不是極值點的充要條件，極值點的一階導數一定為 0，但反過來不成立。我們只考慮簡單情況，即駐點就是極值點。

舉例來說，求函數 $f(x,y,z)=x^2+y^2+z^2+2x+4y-6z$ 的極值。

先找出函數關於 x、y、z 的偏導數，它們分別是：

$$\frac{\partial f}{\partial x}=2x+2$$

$$\frac{\partial f}{\partial y}=2y+4$$

$$\frac{\partial f}{\partial z}=2z-6$$

然後讓偏導為 0，相當於建立方程組：

$$\begin{cases}2x+2=0\\2y+4=0\\2z-6=0\end{cases}$$

方程組的解是 $(-1,-2,3)$，於是函數的極小值點是 $(-1,-2,3)$，且極小值 $f(-1,-2,3)=-14$。

這是標準的數學方法，然而在工程中卻不能用這種方法。

可以換一個角度，把尋找函數的極值點想像成下山問題，如果想走到山底該怎麼走？顯然第一件事是要方向正確，必須沿著下山的方向走，只要方向正確總能到達目的地，如果不幸選擇上山的方向，那就不是事倍功半而是事倍功負了，這也是所謂的方向大於努力。

第一件事明確後，接下來就要選擇一個最短的下山路徑。可以想像如果選擇一個非常平緩的盤山路，要走上 5000 公尺路海拔高度才下降 1 公尺，雖然方向正確了，但是要走 1 天才能到山底。但如果選擇一個非常陡峭的方向走下去，可能 1 小時就到山底。

所以，下山這個實例其實告訴我們兩件事：首先保障方向正確，方向正確才能到達山底，不做無用功；其次是選擇最短路徑，路徑最短才能事半功倍，以最快的速度到達山底。

梯度下降演算法也是以同樣為基礎的思維，可以先隨機在函數曲線上找一點，然後沿著正確的方向走一步，走到第二個點；在第二個點也沿著正確的方向走一步到達第三個點，不斷重複這個過程，直到收斂。

這個過程的虛擬程式碼實際如下：

梯度下降演算法虛擬程式碼

```
1. initialize weights (say theta=0)
2. iterate till converged
   2.1 iterate over all features (j=0,1,…,M)
       2.1.1 determine the gradient
       2.1.2 update the jth weight by subtracting learning rate times the
             gradient theta(t+1) = theta(t) - learning rate * gradient
```

虛擬程式碼和實際程式之間的對應關係如圖 19-4 所示。

```
def gd(X, y, theta, l_rate, iterations):
    """
    gd performs gradient descent to learn th
    taking iterations gradient steps with le
    """
    cost_history = [0] * iterations
    m = X.shape[0]
    for epoch in range(iterations):
        y_hat = X.dot(theta)
        loss = y_hat - y
        gradient = X.T.dot(loss)/m
        theta = theta - l_rate * gradient
        cost = np.dot(loss.T,loss)
        cost_history[epoch] = cost[0,0]
    return theta, cost_history
```

```
1. initialize weights (say theta=0)
2. iterate till converged
   2.1 iterate over all features (j=0,1...M)
      2.1.1 determine the gradient
      2.1.2 update the jth weight by subtracting learning rat
times the gradient
            theta(t+1) = theta(t) - learning rate * gradient
```

圖 19-4 虛擬程式碼和實際程式的對應關係

梯度下降演算法有 3 個要素：初始點、前進方向和反覆運算步進值（路徑），如圖 19-5 所示。

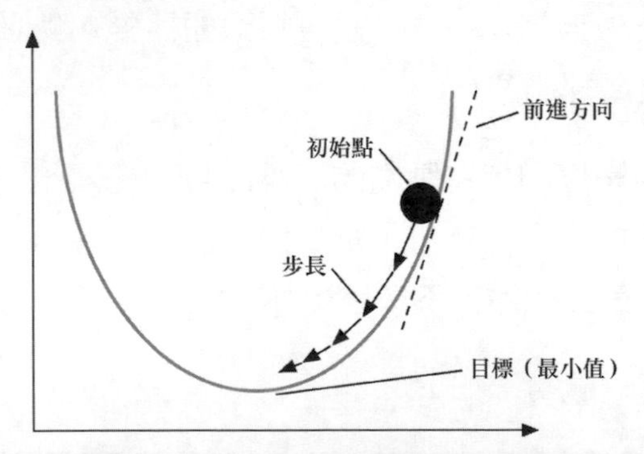

圖 19-5 梯度下降演算法的要素

這 3 個要素又以前進方向更加突出和重要，它從根本上決定了演算法的成敗、收斂快慢等，所以很多人專門在研究如何最佳化前進方向，並有了非常多的成果和方法。可以把梯度下降演算法看作一個範本，它又孵化出很多變形，這些變形無外乎是對這 3 個要素的全部或部分做最佳化而已，整體輪廓是不變的。

在整個演算法架構中，數學的部分就是尋找最好方向。所謂最好方向也就是函數值變化最快的方向，可以證明的是這個方向其實就是梯度方向。因為梯度方向是指函數值變大的方向，函數值變小的方向就可以叫負梯度方向，是梯度方向的反方向。

特別說明

使用梯度相等於函數的一階泰勒展開。

以均方差損失函數為例，函數的式子如下：

$$J(\theta)=\frac{1}{2n}\sum_{i=1}^{n}[h_\theta(x^{(i)})-y^{(i)}]^2$$

把這個函數對 θ 求一階導，按照鏈式法展開會獲得：

$$\frac{\partial J(\theta)}{\partial\theta}=\frac{1}{n}\sum_{i=1}^{n}[h_\theta(x^{(i)})-y^{(i)}]\frac{\partial h_\theta(x^{(i)})}{\partial\theta}$$

而 $h_\theta(x)$ 是個線性函數，實際如下：

$$h_\theta(x)=\boldsymbol{\theta}^{\mathrm{T}}\boldsymbol{x}=\sum_{j=1}^{m}x_j\boldsymbol{\theta}_j$$

於是可以獲得最後的梯度方向，如下所示：

$$\frac{\partial J(\boldsymbol{\theta})}{\partial\boldsymbol{\theta}^{(i)}}=\frac{1}{n}\sum_{i=1}^{n}[h_\theta(x^{(i)})-y^{(i)}]x^{(i)}$$

這個公式就是虛擬程式碼最後一步公式中的 gradient。

梯度下降演算法的第二個要素是反覆運算步進值，也就是每一步的步幅大小，如果步子太大，就可能越過極小值點，導致不斷振盪，如圖 19-6 所示。如果步子太小，又會半天走不出一步，所以步進值太大、太小都不好。

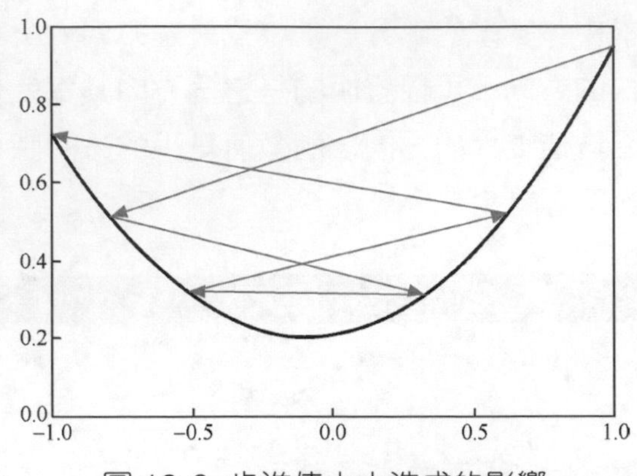

圖 19-6 步進值太大造成的影響

反覆運算步進值也是梯度下降演算法的最佳化點，例如有人提出自我調整步進值的演算法。不過工程上一般都是採用固定的步進值，或透過網格搜尋的方式尋找一個最佳的步進值。

19.3 程式實戰：隨機梯度下降演算法

這次把之前梯度下降的程式做些修改，修改後的程式實際如下：

隨機梯度下降

```
1. def sgd(X,y,theta, l_rate,iterations):
2.     cost_history =[0] * iterations
3.     for epoch in range(iterations):
4.         for i,row in enumerate(X):
5.             yhat = np.dot(row,theta)
6.             loss = yhat[0] - y[i]
7.             theta = theta - l_rate  * loss * row.reshape((-1,1))
8.             cost_history[epoch] += loss ** 2
9.     return theta,cost_history
```

只做一輪學習，實際如下：

```
10. theta = np.random.rand(X.shape[1],1)
11. iterations = 1
12. l_rate =0.1
13. theta,cost_history = sgd(X,y,theta,l_rate,iterations)
14. theta.T
```

獲得的係數如下：

```
15. array([[36.11441206,  6.14275174,  9.65644032]])
```

畫出的擬合曲線圖如圖 19-7 所示。

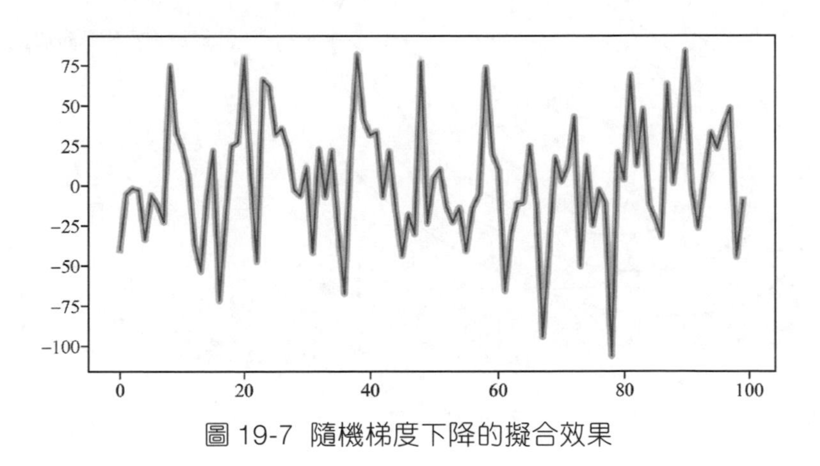

圖 19-7 隨機梯度下降的擬合效果

19.4 專家解讀：隨機梯度下降演算法

之前的梯度下降在每一輪計算梯度時是利用整個樣本集計算的。如果資料量太大，計算代價會比較高，而且一輪反覆運算參數只被修正一次，需要多輪反覆運算才能把參數修改準確，所以梯度下降的計算代價比較大。

隨機梯度下降不是用整個樣本集計算梯度的，而是遇到一個樣本就計算一次梯度，然後立即對參數修正。它把計算梯度的資料粒度從整個樣本集降到一個樣本。參數修正的次數比梯度下降的修正次數多得多。

這兩種演算法哪種好呢？通常來說，因為梯度下降用的是準確的梯度，所以它是直接沖向了最佳解，而隨機梯度下降用的不是準確的梯度，所以是「搖搖晃晃、左右搖擺」地奔向最佳解。圖 19-8 所示的就是兩種演算法的示意圖。

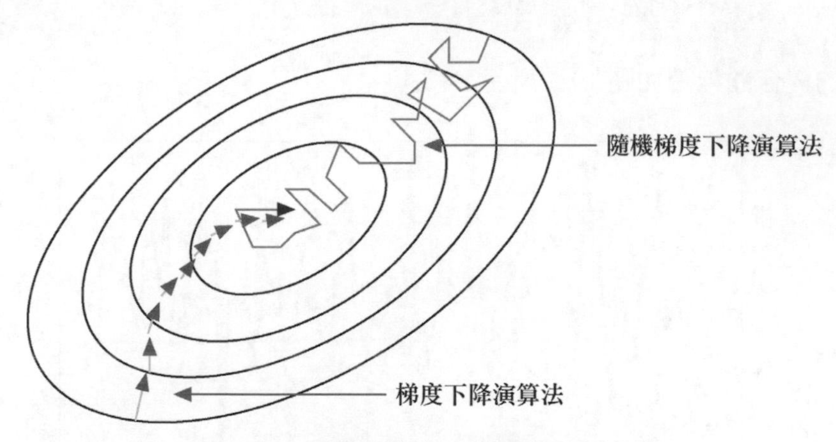

圖 19-8 兩種演算法的學習過程示意圖

另外從步進值的角度考慮，因為梯度下降是理直氣壯地走，所以步子可以邁得大一些，而隨機梯度下降使用的是近似的梯度，就得小心翼翼地走，一不小心誤入歧途就南轅北轍了，所以步子要邁得小一些。

另外，介於兩者之間還有一種批次梯度下降演算法，它是兩者的折中。每輪取出一部分樣本進行更新，但本質上都是一樣的，這裡就不贅述了。

19.5 小結

在機器學習中，人們會把業務問題轉化成數學問題進行求解，但通常現實中的數學問題是無法求解的，於是就退而求其次地想找最佳解。尋找最佳解其實有很多方法，例如利用仿生學的遺傳演算法、蟻群演算法。本章主要介紹了工業上應用廣泛的梯度下降方法，它的思維和實現都非常簡單，並且效果很好，對於讀者唯一的挑戰也就是掌握數學上的梯度了。

邏輯回歸

分類是機器學習中的重要問題，例如列出郵件中用到的單字，可以把郵件分成垃圾郵件或正常郵件；列出一個人的信用記錄和其他財務資料，可以把客戶分成可信使用者或不可信使用者；列出商品資訊和使用者的消費行為，可以判斷使用者是否喜歡某種商品，所有這些都屬於分類問題。雖然現實應用中的分類問題可能會超過兩個類別，但通常從二分類問題入手更簡單。

單純貝氏模型是機器學習中非常重要的分類模型，雖然看上去很簡單，但它功能強大。然而在解決問題時，我們不應該侷限於一種模型，還要嘗試更多的模型，看看對於特定的資料集哪一種模型的效果最好。

我們可以透過下面這個小實例，重新了解分類問題。

建置分類問題的測試資料

```
1.  np.random.seed(3)
2.  num_pos = 500
3.  # 建置資料
```

```
4.  subset1 = np.random.multivariate_normal([0, 0], [[1, 0.6],[0.6, 1]],
    num_pos)
5.  subset2 = np.random.multivariate_normal([0.5, 4], [[1, 0.6],[0.6, 1]],
    num_pos)
6.  X = np.vstack((subset1, subset2))
7.  y = np.hstack((np.zeros(num_pos), np.ones(num_pos)))
8.  plt.scatter(X[:, 0], X[:, 1], c=y)
9.  plt.show()
```

程式解讀：

- 第 4、5 行表示程式建置兩份資料，這兩份資料在分佈上有明顯區別；
- 第 6 行表示程式把兩份資料合併成一個資料集；
- 第 7 行表示程式為兩份資料設定不同的標籤；
- 第 8、9 行表示程式把兩種資料用不同顏色繪製出來。

上面的程式畫出來的散點圖如圖 20-1 所示。

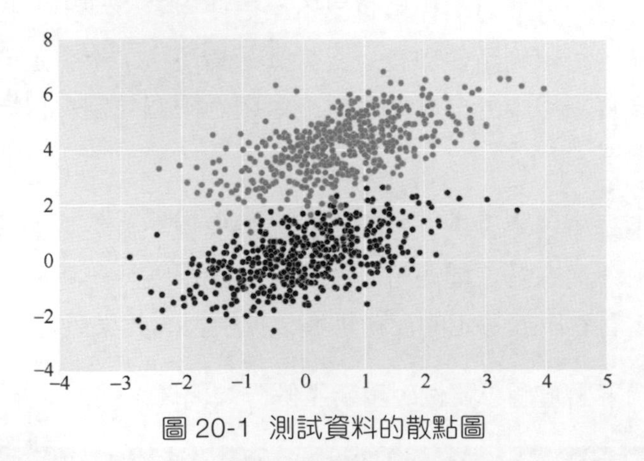

圖 20-1 測試資料的散點圖

這個實例展示的是有兩個特徵的二分類問題，我們想找一條線把兩種顏色的點分開。如圖 20-2 所示，這條線的分類效果還不錯，儘管還有個別的資料沒有被完美分開。但現實世界中的資料只會更加混亂，所以有些時候不能苛求完美，達到目的即可。

在圖 20-2 中，我們用一條直線區分兩個類別，位於直線上方的點都是深灰色類別，位於直線下方的點都歸為黑色類別。但有時一條線可能不夠用，會需要多條線。

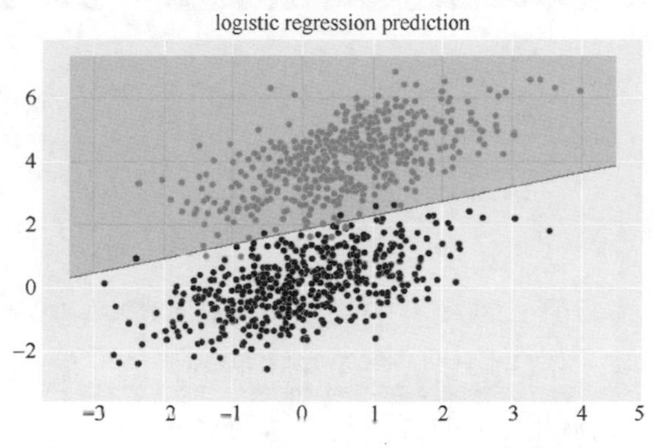

圖 20-2 二分類問題相當於找一條分隔線

當用一條直線分出兩個類別時，就變成了線性分類問題。當需要曲線或更多線時，就變成了非線性的分類問題。

本章將介紹簡單但是功能強大、應用廣泛的邏輯回歸模型，它屬於線性分類模型。它是在空間中尋找一個分介面（線、平面或超平面）對資料做二分類。先來看看實際效果。

20.1 程式實戰：邏輯回歸

先用 scikit-learn 中的邏輯回歸方法訓練模型。

用 scikit-learn 中的方法建模

```
1. from sklearn import linear_model
2. clf = linear_model.LogisticRegression()
3. clf.fit(X, y)
```

模型建好後，就可以做預測了。可以直接用訓練資料做預測，然後看看準確率。

模型的準確率

```
4.  y_pred = clf.predict(X)
5.  print np.sum(y_pred.reshape(-1,1)==y.reshape(-1,1))*1.0/len(y)
6.
7.  # 準確率
8.  0.99
```

儘管可以用準確率評價分類模型的品質，準確率自然越高越好。但是，根據問題場景的不同，不同的錯誤會帶來不同的代價。舉例來說，在信用卡貸款時，如果把一個優質使用者誤判為風險使用者而拒絕放貸，對銀行來說沒有任何損失，反正使用者有的是，銀行的錢不用擔心貸不出去。但如果反過來把風險使用者誤判為優質使用者而放貸，就會損失慘重，所以應該更細化地看兩個類別上的準確率，便於為後續的最佳化提供參考依據。這時可以透過諸如混淆矩陣之類的指標進一步細化。獲得混淆矩陣的程式如下：

分類問題的混淆矩陣

```
9.  from sklearn.metrics import confusion_matrix
10. print confusion_matrix(y,y_pred)
11. # 輸出兩個類別的判斷效果
12. [[495   5]
13.  [  5 495]]
```

對這個實例來說，還不需要考慮這種細分效果，目前要關注邏輯回歸的原理。

20.2 專家解讀：邏輯回歸的原理

邏輯回歸是一個線性模型，但不同於之前的線性回歸模型。線性回歸中目標變數 y 是從負無限大到正無限大的任意實數，但在解決分類問題時，目標變數是一個機率，也就是介於 0 和 1 之間的純小數。

所以，邏輯回歸在線性回歸的基礎上又引用了一個連結函數，這個函數把線性回歸獲得的任意實數對映成 0 和 1 之間的純小數。這個連結函數就是 sigmoid 函數，函數曲線如圖 20-3 所示，函數值域在 0 和 1 之間。

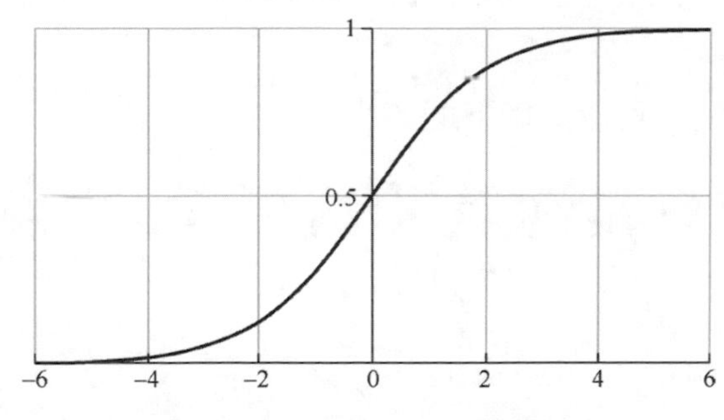

圖 20-3 sigmoid 函數曲線

邏輯回歸的目標函數如下：

$$P(x) = \frac{1}{1 + \mathrm{e}^{-z}}$$

其中的 z 就是之前學過的線性回歸方程式：

$$z = \boldsymbol{\theta}^{\mathrm{T}} x$$

可以根據定義寫出以下程式：

sigmoid 函數

```
1. def sigmoid(z):
2.     return 1 / (1 + np.exp(-z))
```

然後定義一個新的損失函數──LogLoss：

$$L(\boldsymbol{\theta})=\sum_{i=1}^{n}[y^{(i)}\ln P(\boldsymbol{x}^{(i)})+(1-y^{(i)})\ln(1-P(\boldsymbol{x}^{(i)}))]$$

對這個式子做進一步整理，可以獲得下面的結果：

$$\begin{aligned}L(\theta)&=\sum_{i=1}^{n}\ln(1-P(\boldsymbol{x}^{(i)}))+\sum_{i=1}^{n}\left[y^{(i)}\ln\frac{P(\boldsymbol{x}^{(i)})}{1-P(\boldsymbol{x}^{(i)})}\right]\\&=\sum_{i=1}^{n}\ln(1-P(\boldsymbol{x}^{(i)}))+\sum_{i=1}^{n}(y^{(i)}\boldsymbol{\theta}^{\mathrm{T}}\boldsymbol{x}^{(i)})\\&=\sum_{i=1}^{n}(y^{(i)}\boldsymbol{\theta}^{\mathrm{T}}\boldsymbol{x}^{(i)})-\sum_{i=1}^{n}\ln(1+\mathrm{e}^{\boldsymbol{\theta}^{\mathrm{T}}\boldsymbol{x}^{(i)}})\end{aligned}$$

這個損失函數的值，可以透過下面的程式進行計算：

損失函數的值

```
1. def log_likelihood(X, y, theta):
2.     scores = np.dot(X, theta)
3.     ll = np.sum(  y * scores - np.log(1 + np.exp(scores)) )
4.     return ll
```

這個損失函數的梯度等於：

$$\frac{\partial L(\boldsymbol{\theta})}{\partial\boldsymbol{\theta}}=\sum_{i=1}^{n}\left[y^{(i)}-P(\boldsymbol{x}^{(i)})\right]\boldsymbol{x}^{(i)}$$

轉化為程式：

計算損失函數的梯度

```
1. x_theta = np.dot(X, theta)
2. y_hat = 1 / (1 + np.exp(-x_theta))
3. error = y  - y_hat
4. gradient = np.dot(X.T, error)
```

一旦有了這些素材後，就可以套用梯度下降，完成邏輯回歸的學習過程了。

20.3 程式實戰：邏輯回歸梯度下降演算法

把前面的素材放在一起，看看最後的邏輯回歸的訓練程式。

邏輯回歸梯度下降

```
1.  def logistic_regression(X,y,l_rate,iterations,
2.                          add_intercept = True):
3.
4.      if add_intercept:
5.          intercept = np.ones((X.shape[0], 1))
6.          X = np.hstack((intercept, X))
7.
8.
9.      theta = np.zeros(X.shape[1]).reshape(-1,1)
10.     y=y.reshape(-1,1)
11.     accu_history = [0] * iterations
12.     ll_history = [0.0] * iterations
13.     for epoch in range(iterations):
14.         x_theta = np.dot(X, theta)
15.         y_hat = sigmoid(x_theta)
16.         error = y  - y_hat
17.         gradient = np.dot(X.T, error)
18.         theta = theta + l_rate*gradient
19.         preds = np.round( y_hat )
20.
21.         accu = np.sum(preds==y)*1.0/len(y)
22.         accu_history[epoch]=accu
```

```
23.
24.         if( epoch % 5 == 0):
25.             print("After iter {}; accuracy: {}".format(epoch +1,  accu))
26.     return theta,accu_history
```

把這份程式用在之前的資料集上，並和 scikit-learn 的效果做比較。

```
27. theta,accu = logistic_regression(X,y,1,2000)
```

可以發現，我們自行實現的邏輯回歸也很快就達到 scikit-learn 的效果了。

```
After iter 1; accuracy: 0.5
After iter 6; accuracy: 0.985
After iter 11; accuracy: 0.99
After iter 16; accuracy: 0.989
After iter 21; accuracy: 0.989
After iter 26; accuracy: 0.989
```

邏輯回歸是非常重要的二分類演算法，具有廣泛的用途。從數學角度來看，邏輯回歸是對線性回歸的推廣，二者可以歸類為廣義線性回歸。

留給讀者一個思考問題，在之前的線性回歸問題中，我們定義了一個損失函數，為什麼在二分類問題中不沿用之前的損失函數，而要重新定義一個新的損失函數？這麼做有什麼意義嗎？

這些問題將在第 21 章解答。

Chapter 21 凸最佳化

前面介紹了最佳化問題和搭配的梯度下降演算法。那什麼是凸最佳化問題呢？

先介紹兩個概念：局部最佳和全域最佳。

就像之前提到的下山實例，本來是想走到山底，但最後到達的位置是真的山底，還是一個局部的山坳呢？

如圖 21-1 所示，如果這是一個函數的影像，那麼左邊這個山坳的最低點僅是局部的最小值點，只有右邊山坳的最低點才是全域的最小值點，也就是所謂的局部最小值和全域最小值。

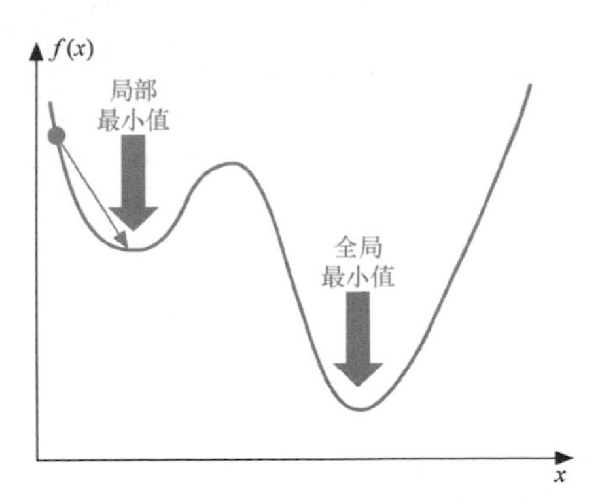

圖 21-1 局部最佳和全域最佳

我們自然是希望找到右邊的這個全域最小值。但是如果用梯度下降方法，那麼初值的選擇就很關鍵。如果初值選擇得不好，例如選的是圖上左側的這個點，那麼沿著梯度下降最後只能到達左側的最小值，沒有辦法逃離這個局部最小值點，這就是所謂的局部最佳解。當然，梯度下降演算法針對如何逃離局部最佳有很多改進的版本，但這不是本章的重點。

如何才能保障找到的最佳解就是全域最佳解呢？或說怎麼樣才能保障局部最佳和全域最佳重合呢？這就是凸最佳化要試圖回答的問題。

先看一個結論：如果一個函數是凸函數，那麼它的局部最小值就是全域最小值。

凸函數的形狀是呈碗狀的，如圖 21-2 所示。這裡展示的只是二維示意圖，高維與二維類似。

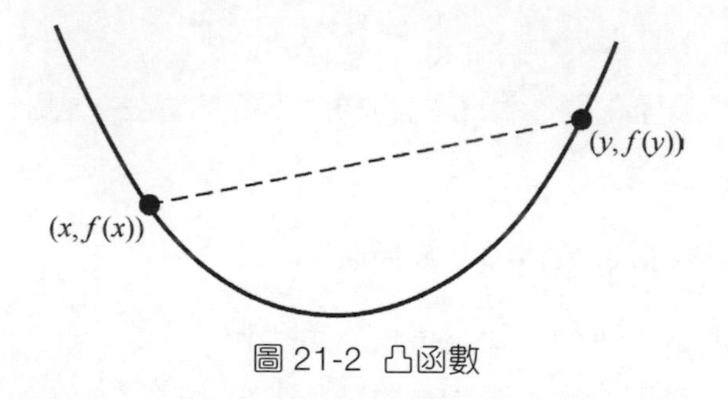

圖 21-2 凸函數

為什麼凸凹是反的

讀者可能注意到，函數的凸凹好像和生活中的凸凹正好是相反的。這其實是歷史遺留問題。凸函數的英文是 Convex Function，最初引用時就被翻譯成凸函數，然後一直這麼沿用下來。

如果讀者對接下來的抽象數學沒興趣的話，基本上到這裡就可以不用再看了，因為如果一個損失函數是凸函數，那麼直接用梯度下降演算法一定沒問題，然後計算結果即可。這時找到的一定是全域最佳解。

讀者只需要關心所選擇的損失函數是不是凸函數就可以了。

21.1 凸最佳化掃盲

數學上對凸函數是這樣定義的。函數f的定義域為凸集，且滿足：

$$f(\theta x+(1-\theta)y)\leqslant\theta f(x)+(1-\theta)f(y),(0\leqslant\theta\leqslant1)$$

這個定義中出現了凸集，凸集的概念是這樣的：連接集合 C 內任意兩點間的線段均在集合 C 內，則稱集合 C 為凸集。凸集的數學定義形式如下：

$$\forall\theta\in[0,1]、\forall x_1,x_2\in C$$

$$x=\theta x_1+(1-\theta)x_2\in C$$

所以凸集和凸函數是兩個概念，前者強調的是一個集合，後者是一個函數。常見的凸函數有：

- 指數函數 e^{ax}；
- 冪函數 $x^a, a\geqslant1$ 或 $a\leqslant0$；
- 負對數函數 $-\log_a x$；
- 負熵函數 $x\log_a x$；
- 範數函數 $\|x\|_p, p\geqslant1$。

另外，凸函數之間的某些運算具有保凸性質：例如凸函數的非負加權和還是凸函數，即如果函數 $f_1, f_2,\cdots, f_m$ 都是凸函數，$w_1, w_2,\cdots, w_m\geqslant0$，則 $\sum w_i f_i$ 還是凸函數。

機器學習之所以喜歡凸函數，就是因為凸函數的局部最佳解即為全域最佳解。

21.2 正規化和凸最佳化

在回歸問題中，我們定義的損失函數是均方誤差損失函數：

$$J(\theta) = \|y - X\theta\|_2^2$$

從函數的凸凹性來說，均方誤差損失函數是凸函數，有興趣的讀者可以自己證明。所以採用梯度下降演算法找到的局部最佳解一定是全域最佳解。

為了避免過擬合，又引用了 L1、L2 兩種正規項，L2 正規項為 $\|\theta\|_2^2$，加入後的損失函數如下：

$$J(\theta) = \|y - X\theta\|_2^2 + \lambda\|\theta\|_2^2$$

引用正規項後的損失函數還是凸函數嗎？答案是一定的，可以用前面提到的保凸性質證明。所以，儘管對損失函數加上了正規項，但是函數的凸凹性並沒有被破壞，找到的局部最佳解仍然還是全域最佳解。

在邏輯回歸中，並沒有使用均方誤差作為損失函數，而是使用 Log Loss 作為損失函數，其原因也是因為前者不是凸函數，而後者是凸函數，對這一點有興趣的讀者可以自己證明。

21.3 小結

凸最佳化本身是一個難度很大的主題，本章僅介紹了最佳化和凸最佳化的基本概念。其實我們的目標只有一個，就是希望千辛萬苦找到的解是全域的最佳解。但要保障這一點，就要求損失函數是凸函數，於是就要知道什麼是凸函數，以及常見的演算法中是不是用了凸函數。有了這些知識後，才能放心地建模。

工作環境架設說明

本書採用 Python 程式語言對書中案例進行編碼實現。

近幾年來，Python 程式語言炙手可熱，已有很多地區將 Python 納入中小學課程。現在，隨著電腦軟硬體的發展，人工智慧在沉寂多年之後再次進入活躍期，Python 也憑藉其特性成為人工智慧領域的首選程式語言。

好，不給 Python 打廣告了，接下來嚴肅地介紹一下在人工智慧領域為何選擇 Python 作為程式語言。

A.1 什麼是 Python

1989 年耶誕節期間，阿姆斯特丹的 Guido van Rossum 為了打發耶誕節的無聊時間，開發了一個新的指令稿解釋程式，於是就有了 Python。之所以選 Python（大蟒蛇）作為該語言的名字，是因為他是一個名為 Monty Python 的喜劇團體的「死忠粉」。

所以，Python 其實是一種非常古老的語言，它的出生時間要比 Java 還早一年，算起來也算是步入中年了。可為什麼 Python 在之前一直默默無聞，這幾年卻突然「老樹開花」了呢？

其實，並不是 Python 語言本身有多大的改進，而是資料時代到來了。回想在大數據剛興起時，很多人對此都一頭霧水，更別提與之相關的雲端運算等技術了。沒想到短短幾年時間，這些技術已經成為常規技術。預計在不遠的將來，資料處理能力將成為每一位職場人員的基本技能，就像會操作電腦、懂英文、能駕駛汽車那樣——誰讓我們出生在資料時代呢！

Python 語言之所以是資料科學的標準配備工具，可以從兩點進行解釋。首先來看圖 A-1。該圖在某種程度上解釋了 Python 是資料科學領域首選程式語言的原因。

圖 A-1 Python 生態圈

在 Python 生態圈中，針對資料處理有一套完整且行之有效的工具套件，例如 NumPy、Pandas、scikit-learn、Matplotlib、TensorFlow、Keras 等。 從資料獲取到資料清洗、資料展現，再到機器學習，Python 生態圈都有非常完美的解決方案。

套用現在熱門的說法，Python 的資料處理功能已經形成了一個完整的生態系統，這是其他程式語言（例如 Java、C++）望塵莫及的，所以 Python 已經成為資料科學領域事實上的標準配備工具。

再者，Python 語法極其簡潔，相較於 Java、C 等程式語言，已經非常接近於人類語言。透過圖 A-2 中兩個程式片段的比較，大家可以對此有直觀認識。

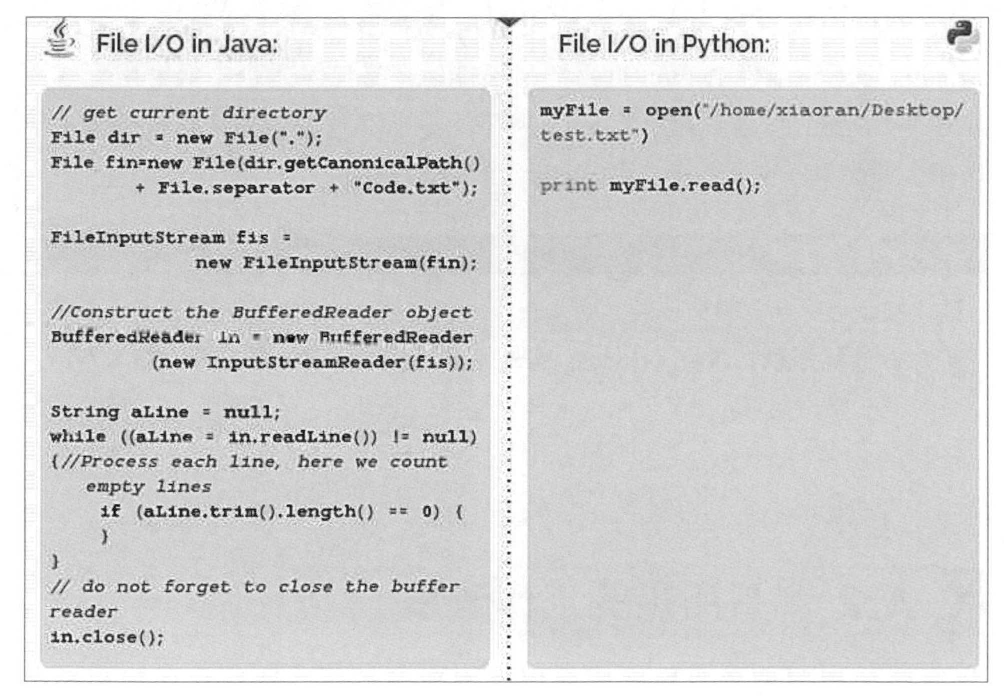

圖 A-2 Java 程式與 Python 程式的比較

這兩個程式片段做的事情相同：

- 開啟磁碟上的檔案；
- 讀出其中的內容；
- 列印到螢幕上。

顯而易見，Python 程式要更加清晰、明確。

需要說明的是，這個比較並不是說 Python 要比 Java 好，否則也無法解釋 Java 多年來一直處於程式語言排行榜的首位，而 Python 只是在最近幾年才開始「風頭大盛」。程式語言之間沒有比較的意義，只能說每種語言都有其特定的適用領域。

舉例來說，Java 是企業級應用程式開發的首選程式語言，PHP 則是前幾年網站開發的首選，最近因為推崇全端式概念，導致越來越多的人轉投 Node.js 陣營。雖然 Python 近乎無所不能，但是無論是企業級應用程式開發還是網站開發，均不是 Python 的強項。例如就網站開發來說，這麼多年以來似乎只有「豆瓣」是採用 Python 開發的。

給初學者的建議

建議初學者先想清職業發展方向，然後再選擇要學習的程式設計工具。如果打算以後從事網站開發，Node.js 是一個很好的選擇；如果打算從事資料分析、機器學習相關的職業，Python 無疑是絕佳選擇。

A.2 本書所需的工作環境

從某種程度上來說，程式設計是一個體力工作。要想學好 Python，必須透過高強度的編碼實作來強化「肌肉記憶」。工欲善其事，必先利其器。為了提升學習效率，良好的學習環境是必不可少的。這裡至少需要安裝兩個軟體：Anaconda 和 PyCharm。

Anaconda 是一個比較流行的 Python 解譯器，並且還是免費的。初學人員在學習 Python 時，建議不要選擇 Python 官方提供的解譯器，因為這需要自行手動安裝許多協力廠商擴充套件，這對初學人員來說是一個不小的挑戰，甚至會耗盡你的學習熱情進一步放棄。

讀者可以去 Anaconda 官網下載最新的 Anaconda 安裝套件。

A.2.1 Anaconda 版本選擇

眾所皆知，目前存在 Python 2 和 Python 3 兩個版本，這兩個版本並不完全相容，兩者在語法上存在明顯的差異。下面列出了 Python 2 和 Python 3 的差別：

- 支援 Python 2 的工具套件多於 Python 3；
- 目前很多 Python 入門教學採用的都是 Python 2；
- TensorFlow 在 Windows 平台上只支援 Python 3.5 以上的版本。

因此，Anaconda 在 Python 2 和 Python 3 的基礎之上也推出了兩個發行版本，即 Anaconda 2 和 Anaconda 3。建議大家同時安裝 Anaconda 2 和 Anaconda 3，以便從容應對各種情況。

A.2.2 多版本共存的 Anaconda 安裝方式

如果要在電腦上同時安裝 Anaconda 2 和 Anaconda 3，並希望能在兩者之間自由切換，通行的做法是以其中一個版本為主，另外一個版本為輔，後期即可根據需要在兩個版本之間自由切換。作者習慣將 Anaconda 2 作為主版本，將 Anaconda 3 作為輔版本，所以下面的示範也以這種順序為基礎。如果大家想把 Anaconda 3 作為主版本，只需將下面兩個安裝過程換個順序即可。

A.2.3 安裝 Anaconda 主版本（Anaconda 2）

Anaconda 主版本的安裝很簡單，就像安裝普通的 Windows 軟體那樣，一路點擊 "Next" 按鈕即可。這裡只介紹幾個重要的安裝節點。

在安裝 Anaconda 2 時，首先要設定好安裝路徑。在圖 A-3 中，Anaconda 2 安裝在 D 磁碟的 Anaconda 目錄下。

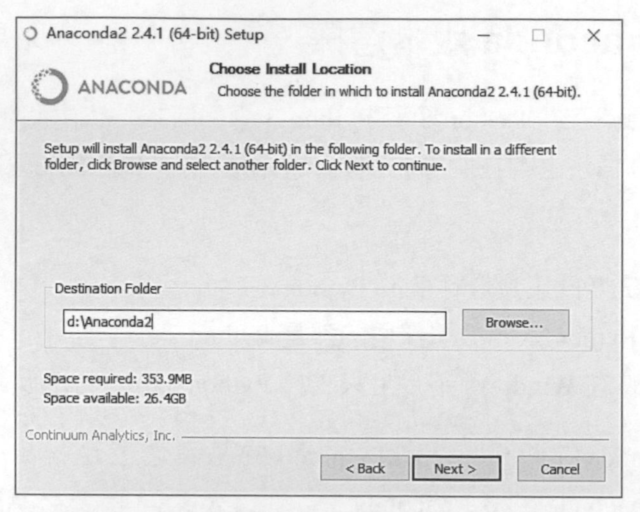

圖 A-3 設定 Anaconda 主版本的安裝路徑

提示

Anaconda 3 輔版本也會安裝在這個目錄下。

選取圖 A-4 中的兩個選項，它們各自的作用如下：

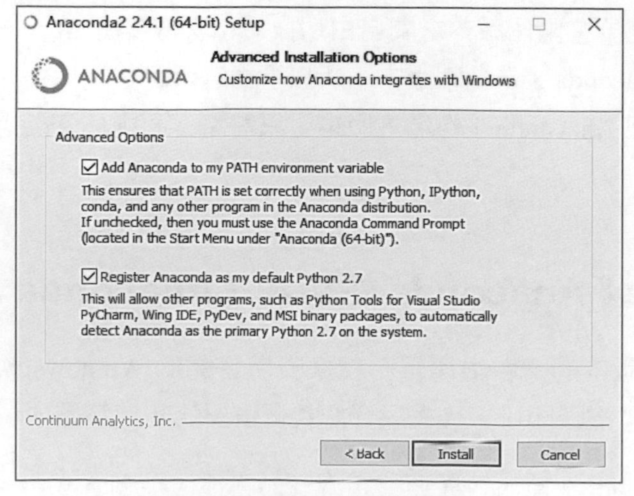

圖 A-4 兩個選項都要選取

- 第一個選項是將 Anaconda 的安裝目錄增加到系統的 PATH 環境變數中，以便後續在命令列視窗中可以直接用 Python 指令進入 Python 的互動式環境；
- 第二個選項是讓 IDE 工具（例如我使用的 PyCharm）能夠檢測到 Anaconda 主版本，並將其作為預設的 Python 2.7 解譯器。

在安裝完 Anaconda 主版本之後，接下來要安裝輔版本。本書將 Anaconda 3 作為輔版本，同樣只關注幾個重要的安裝節點。

A.2.4 安裝 Anaconda 輔版本（Anaconda 3）

必須將 Anaconda 3 安裝在 Anaconda 2 安裝目錄下的 envs 子目錄下。下面將 Anaconda 3 安裝在 D:\Anaconda2\envs 子目錄下，如圖 A-5 所示。

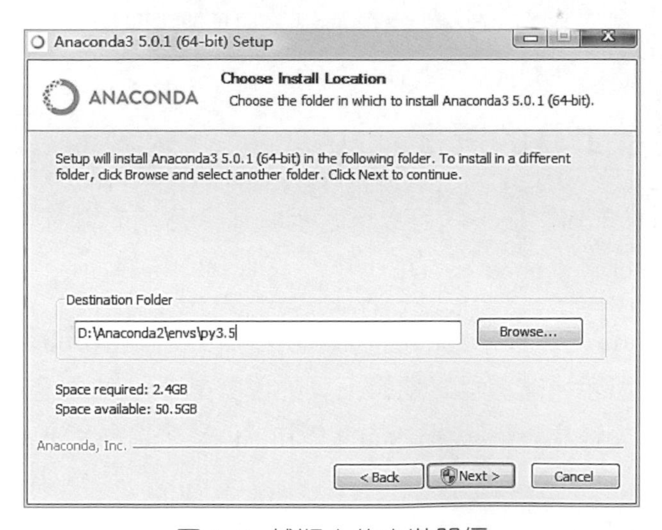

圖 A-5 輔版本的安裝路徑

在圖 A-5 中，目錄後面的 py3.5 是一個子目錄的名字。讀者可以隨意命名該子目錄，但是一定要記住這個名字，因為後期在 Anaconda 的主輔版本之間進行切換時會用到這個名字。

圖 A-6 所示的介面中的兩個選項都不要選取，因為已經在安裝主版本的 Anaconda 2 時進行了對應設定。

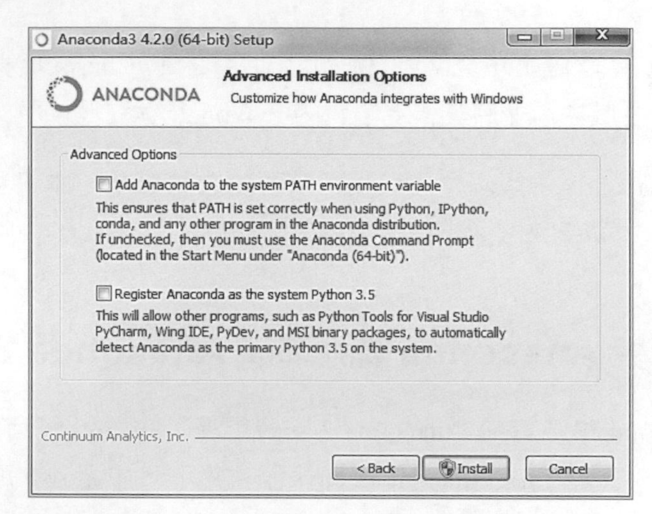

圖 A-6 輔版本的兩個選項不要選取

A.2.5 開發工具的選擇

在安裝好 Anaconda 之後，就可以撰寫程式了。目前有兩種常見的程式編輯工具：Jupyter Notebook 和 IDE。

Jupyter Notebook 是一種常見的程式編輯工具，類似在 Web 頁面上撰寫程式，如圖 A-7 所示。這種程式編輯工具的優勢是，可以像記筆記那樣撰寫程式，非常便於程式設計人員之間的交流。但是，這種程式編輯工具並不是工業界的首選。

在企業開發中，IDE 更為常見、通用，因為此時我們要做的並不是程式示範，而是需要做一些真實的工作：程式開發、模組撰寫、單元測試、整合測試以及版本控制等。這樣一來，Jupyter Notebook 這樣的工具就無法勝任了。

推薦大家選擇 PyCharm 或微軟的 VS Code 作為自己的 IDE 工具。有關 Python IDE 工具的更多資訊，有興趣的讀者可自行查詢相關資料。

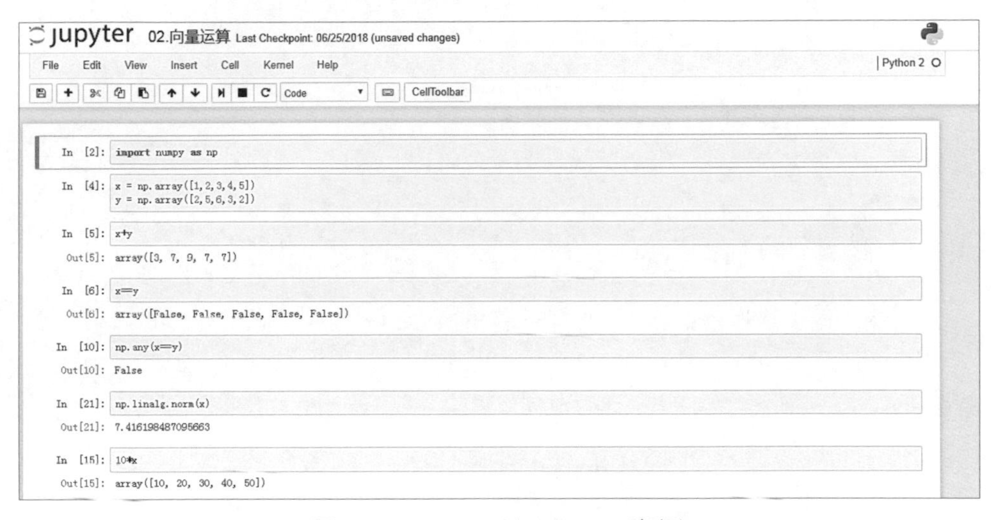

圖 A-7 Jupyter Notebook 實例